生物是什么

人人都能看懂的

生物学底层思维书

■ 和渊 著

U0234235

人民邮电出版社

北 京

图书在版编目（ＣＩＰ）数据

生物是什么：人人都能看懂的生物学底层思维书 /
和渊著. -- 北京：人民邮电出版社，2025.2
（爱上科学）
ISBN 978-7-115-63349-1

Ⅰ．①生… Ⅱ．①和… Ⅲ．①生物学－普及读物
Ⅳ．①Q-49

中国国家版本馆CIP数据核字(2023)第244411号

内 容 提 要

本书通过系统阐述生物学的世界观、方法论及发展前景，引领读者深入探索生命的奥秘与科学的魅力。首先，本书从结构功能观、物质能量观、稳态平衡观到进化适应观，逐一揭示了生命现象背后的统一性与复杂性，展现了生物学如何以独特视角理解世界。其次，书中介绍了生物学研究中常用的逻辑与非逻辑思考方式，以及观察法、调查法、实验法等科学研究方法，帮助读者理解科学家如何发现问题、解决问题。最后，书中展望了生物学的未来发展与就业前景，鼓励读者在生命科学的新纪元中探索无限可能，为生物学的繁荣贡献力量。本书适合中学生和对生物感兴趣的读者阅读。

◆ 著　　　　和　渊
责任编辑　胡玉婷
责任印制　马振武

◆ 人民邮电出版社出版发行　　北京市丰台区成寿寺路 11 号
邮编　100164　　电子邮件　315@ptpress.com.cn
网址　https://www.ptpress.com.cn
北京盛通印刷股份有限公司印刷

◆ 开本：700×1000　1/16
印张：11.5　　　　　　　　　　2025 年 2 月第 1 版
字数：138 千字　　　　　　　2025 年 2 月北京第 1 次印刷

定价：79.80 元

读者服务热线：**(010)53913866**　印装质量热线：**(010)81055316**
反盗版热线：**(010)81055315**

谨以此书献给我的甲甲和一一

爸爸是做麻醉的医生，妈妈是教生物的老师，他们说，要给我写一本孩子也能看懂的生物学的书。

推荐序 1

中国人民大学附属中学和渊老师几年前和我聊到，说想写一本面向孩子的、介绍生物底层思维的科普图书。现在，和老师完成了书稿，我读后，认为应该出版，让更多的人看到。

有些人觉得科学研究高深莫测，但其实科学研究是有规律的。科学研究始于科学问题。基于科学问题，不同的科学家有着不同的假设，于是科学家们设计各种实验、应用各种技术手段展开研究，希望通过数据比对、分析等方式，检验自己的假设。"问题—假设—设计—结果—结论"这五个环节，就是科学研究的基本流程。和渊老师在本书里将这五个环节讲得很清楚。

但研究者完成了实验、发表了论文，并不代表这名研究者就是可以独立领导实验室的科学家。那怎么判断一个研究者是否可以独立领导实验室呢？我长期从事分子生物学和肿瘤方面的研究工作，经常和我的学生说："掌握技术、能做实验的人只是技术员，真正的科学家是具备一套思考和解决问题的方法论的。他们知道如何从自然现象中凝练出一个科学问题，如何合理地拆解一个科学问题，如何用批判性思维思考一个科学问题，如何严谨地论证一个科学问题，如何客观、系统地分析、研究数据并得出合理的科学结论。这些是科学家在不经意间运用归纳推理法、演绎推理法、因果推理法、类比推理法等思维方式的结果，这些方法就体现了科学思维。"

然而，并非人人都会从事科研工作，那么学生接受生物学的科研训练就没有意义了吗？当然不是。接受过生物学科研训练的学生不管将来从事哪个行业，都能拥有一种与别人不一样的看世界的视角——生物学视角。本书中提炼的"结构功能观""进化适应观"等生物学观念，我认为就是对生物学视角很好的总结。这种视角非常有用。比如，我有一个学生在某个企业做高管。有一次，他所在的企业运行出了点问题，其他人提出了不少解决方案，但是效果不好。我的学生从生物学"结构决定功能"的视角出发，认为要调整组织架构从而优化功能机制，才能从根本上解决问题。后来，调整架构后，不仅问题得到了解决，而且公司运行效率也比之前更高了。

从具体的科学研究到方法论，再到世界观，在底层逻辑上探讨生命科学的本质，是这本书想要传达给读者的核心思想。我希望更多的生物相关学科老师能看到此书。因为"授之以鱼不如授之以渔"，老师的任务不仅仅是传授知识，更重要的是让学生掌握这个学科的思维方式。我也希望更多热爱生物学的读者能看到此书，这样，在理解生物学的时候，就能拨开看似纷繁复杂的表象，直达学科本质，对生物学有更深的领悟。

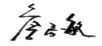

中国工程院院士　詹启敏

推荐序 2

和渊老师在历时三年完成了这本书稿的写作后找到我，希望我写推荐序。我一开始还比较犹疑，我是学化学和材料学的，怎么能对一本关于生物学的书妄加评议？然而，当我浏览完书稿后，却有了深刻的感触。基于以下几点原因，我觉得有必要向大家推荐此书。

首先，生物学和化学是比较相近的学科。这本书花了很大篇幅探讨科学思维的方式和科学研究的过程，在这一点上，生物学和化学是共通的。科学家在进行科学研究的过程中，形成了一套成熟的思考问题和解决问题的方式，这种方式已经刻在骨子里，形成一种思维的惯性，随时都能够调用。但这种思维方式一般都是"隐性的"，也没有人会专门讲出来。然而，和渊老师用她扎实的学科背景和丰富的教学经验，将这种思维方式进行了"显性化"的表达，用归纳、演绎、因果、类比等方法进行阐释，这对读者，特别是学生群体而言是很有价值的。

其次，这本书通俗易懂，用了大量的例子让读者去了解生物学的世界观和方法论。书中提炼出"结构功能观""物质能量观""稳态平衡观""进化适应观"四大观点，每个观点都配有微观和宏观的例子，这些例子大多是生物学历史上比较有代表性的案例，揭示了生物学观点的普适性。同时，这本书语言风格平易近人、引人入胜，能让读者轻松地理解看起来抽象、晦涩的概念。

　　再次，更难能可贵的是，在书中每章的结尾，和渊老师将生物学的底层逻辑拓展到了社会、管理、金融、投资、商业等领域，并用大量案例做了介绍。比如，书中提到"稳态平衡观"这一生命的法则，不仅符合我国古人"天之道，损有余而补不足"的思想，而且也是一种投资哲学。

　　最后，21 世纪是生命科学的世纪。生命科学事关我们的粮食安全、医疗健康、生态环保等诸多方面，是一门十分重要的学科。对于读者特别是正处于求知阶段的孩子们而言，无论将来是否从事与生物学科相关的工作，如果能够多一点对生物学科底层逻辑的理解，多掌握一门学科的思维方式，都能够拥有一个不同的看待世界的角度，这对孩子们将来的发展裨益良多。

中国工程院院士　张立群

前言

女儿从小最爱看的一本书是《人体解剖彩色图谱（第3版）》。

这可能和家庭氛围相关，我是高中生物老师，我爱人是医生，我们在家经常会交流生物学最新的研究进展。在交流的过程中，女儿总是在旁边似懂非懂地听着，而且经常问出一些稀奇古怪的问题。

我发现女儿对生物学感兴趣，就想引导她多看一些这方面的书。然而，图书市场上大部分生物类的科普书都是面向成人的，面向孩子的并不多。即使是面向孩子的生物学科普书，大多也是讲一些与植物、动物、进化有关的知识，而这些并不是现代生物学的内容。

于是，我萌生了写一本生物学科普书的想法。我先是列出了第一版提纲，内容包括分子细胞、遗传进化、人体常识和现代生物学技术。经过分析，我发现这一版提纲不适合孩子。第一个原因：这里面有大量的生物学术语，孩子在短时间内不可能理解。第二个原因：如果真的要把这版提纲的内容都写出来的话，那将是一部皇皇巨著，很容易让孩子望而生畏。

后来，在与编辑沟通的过程中，我产生了一个想法，有没有这样一种可能：书中不需要讲太多知识，但是孩子们看完后也能知道生物学到底学什么。刘润老师写的一本书启发了我，他以咨询业从业者的视角洞察了商业的本质，

本书为全国教育科学"十三五"规划教育部青年课题"普通高中生命教育'大健康'课程群的构建研究(EHA200423)"的研究成果。

并写出了《底层逻辑：看清这个世界的底牌》。那我能不能从生物学的角度写出生物学的底层逻辑呢？

按照这个想法，我确定了这本书的定位。

首先，我希望这本书能够帮助孩子和家长快速了解学了生物学能干什么。

每年高考后，很多孩子和家长在填报志愿的时候经常来咨询我："学了生物学能干什么？是不是只能做科学家？读生物学专业是不是能当医生？当医生是不是一个好的职业选择？"

其实，除了在大学当教授、去科研院所做研究员、去医院当医生之外，还有大量的生物学专业毕业生从事其他行业，比如，有人去制药公司，有人去开发农产品，有人投身咨询服务行业，有人从事金融行业，还有人像我一样做教师……这些都可以算是"生物学+"的行业。

但如果我们不把眼光局限在专业和职业上，而是能着眼于"学了生物学就能够利用生物学的思维方式解决问题"这一个角度，那生物学作为理解世界的基本学科之一，就应该是每个人都应学习的了。近些年来，生物学思维很流行，社会学、管理学、经济学等学科经常借鉴生物学的思维方式，组织进化、企业生态、丛林法则、灰度法则等都是生物学思维在其他学科中的综合应用。所以，我希望这本书不仅仅适合孩子阅读，也能让更多的读者快速了解生物学的思维方式，希望读者通过阅读本书能够迅速完成从知识到智慧的跨越。

其次，我希望在不用讲述大量知识的情况下，把生物学思维讲清楚。

"把学校所学的都忘了，剩下的才是教育。"孩子们离开学校，离开生物课堂后，生物学在孩子们的头脑中还剩下些什么？肯定不是生物学课程中的具体知识，如柠檬酸循环的具体过程、光合作用的作用机制等。随着时间流逝，孩子们会忘记这些具体的知识，但有些东西他们一辈子都不会忘记。这些东西深深地印刻在了孩子们的记忆深处，在他们遇到问题的时候能够迅速被调用，并形成一种思维惯性。生物学的课程为孩子们理解世界增加了一个新的角度——这就是生物学的思维方式。

我们为什么需要了解生物学思维呢？第一个原因是：生物学思维是一种思考工具。它能让我们从纷繁的信息中抽丝剥茧，看到事物的本质。它还能让我们在不断变化的世界中，以不变应万变。第二个原因是：生物学思维能为我们提供另外一种看世界的视角。查理•芒格一直提倡"多元思维模型"，就是说要通过不断学习众多学科的知识来形成一个思维模型的复式框架，这样才能够看到事物的本质，获知事物的内在运行规律，做出高质量的决策。生物学思维能让我们从生物学视角去认识这个世界，具备解决问题的智慧。

对于中学生来说，读这本书也是有益的。现在的中考和高考，更侧重对学科核心素养的考查。生物学科的核心素养包括"生命观念""科学思维""科学探究""社会责任"4个方面，这4个方面正好与本书的篇章结构相对应，本书的第1篇介绍生命观念，第2篇介绍科学思维，第3篇介绍科学探究，第4篇介绍社会责任。在全书的最后，我还提供了一些练习题，帮助读者回顾书中的知识。而且，有别于教科书，本书通过解读"核心素养"，对初高中的生物课知识点进行了整理、浓缩和简化，让孩子能在最短的时间内了解生物学科的精髓要义。

在创作本书的过程中，我经常将内容分享给我的女儿甲甲，在她的"指导"下，终成此书。另外，感谢我的爱人王戡医生在本书写作过程中给予的帮助和支持，他给本书的内容提了很多指导意见。希望本书能让 7 岁以上的读者在没有太多生物学知识积累的前提下，在阅读过程中慢慢理解生物学的底层逻辑。

最后，书中不免有纰漏之处，也请读者朋友们多提意见和建议。

和渊

| 目录 |

第一篇　生物学的世界观：给你一个不一样的角度看世界

第三篇　生物学的科学实践：科学家是如何做科研的

第四篇　生物学的未来：21世纪是生命科学的世纪

绪论

生命现象的复杂性 VS 生命本质的统一性

楼台听雨，水流花开，红尘经世，松针煮茶，诗酒趁年华，这是多么美妙的图景。不过，如果抛开诗和远方，历经四季变换，花开茶熟却无法永恒，因为它们是生物；而溪水和楼台却能经受千古沧桑，因为它们不是生物。那到底什么是生物？大多数人对于这个问题，都有一种"我虽然说不出，但是见了就知道"的感觉，而要准确地说出到底什么是生物，就需要从纷繁复杂的生命现象中总结生命的本质。

生命现象极其复杂，关于这种复杂我想用"多样""例外""涌现"这三个词来解释。

多样。目前，地球上已经被定义和命名的生物已经超过百万种，然而全世界仍然有大量的生物未被定义和命名，甚至尚未被人发现。生物有动物、植物、真菌，还有原核细胞和真核细胞，按照分类学家林奈的划分方法，它们可以被划分为"界、门、纲、目、科、属、种"。这些生物有的生活在海洋里，有的生活在陆地上；有的能自己给自己制造能量，有的靠捕食其他生物为生；有的能飞翔，有的能游泳，有的能奔跑……各种生物在结构、功能、行为、生活方式上都各有各的特点，大自然千奇百怪，丰富多样。

例外。下面几幅图片中，左上图是捕蝇草，虽然大多数植物靠光合作用产生自己的营养物质，但捕蝇草也能以昆虫为食。右上图是绿叶海蛞蝓，我们一般认为植物和某些藻类能进行光合作用而动物不能，但是绿叶海蛞蝓（海蛞蝓的一种）作为一种动物却能够进行光合作用。左下图是海豚，它们生活在海洋里，通常我们认为生活在海洋里的都是鱼类，但海豚却是哺乳动物。右下图是大肠杆菌 T2 噬菌体，它们连细胞结构也没有，自己不能繁殖，必须侵入宿主细胞才能复制，那它们到底是不是生物？了解了这些知识之后，你是不是不再那么笃定自己对于动植物的判断了呢？你是不是也突然不太确定生命的界限了呢？

捕蝇草

绿叶海蛞蝓

海豚

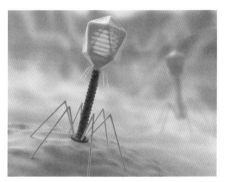

大肠杆菌 T2 噬菌体

涌现。生命的复杂性会自发涌现。这句话比较抽象，举个简单的例子，将咖啡和牛奶混在一起的时候，会形成很多花纹，而且随着时间的推移，这些花纹会越来越多，越来越复杂，这就是复杂性自发涌现的结果。自然界也是这样，单只行军蚁是很简单的生物，如果将 100 只行军蚁放在一个平面上，它们只会不断绕圈直到精疲力竭，然后死去。但是，如果将上百万只行军蚁放在一起，它们就会组成一个整体，形成一种看起来具有很高"智慧"的超级生物体。大脑也是这样，单个神经元细胞是不会产生"意识"的，但是，将成千上万个神经元连接在一起的时候，人脑就会产生记忆和意识，这就是"涌现"带来的神奇力量。

行军蚁

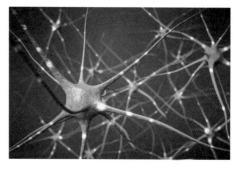

神经元的连接

这些复杂多样的生命现象，让我们在理解"生物"这个概念时感到较为困难，那这些现象之间有没有什么共同之处呢？我们能不能抽丝剥茧，从纷繁复杂的事物表象中找到相似的性质呢？当然可以，生命虽然表面上看起来异彩纷呈，但在本质上又具有高度的统一性。

分子层面上的统一性。无论什么生物，它们都是由一些基本的化学元素，比如碳、氢、氧等共同组成的，这些元素会组成无机物（如水、无机盐）和有机物（如蛋白质、核酸、糖类和脂质等），这些物质共同构成了生命。在所有生物中，DNA 都是遗传物质（部分 RNA 病毒除外），是由脱氧核糖核苷酸连接形成的反向平行的双链；蛋白质都是生命活动的承担者，生物长什么样子都是由蛋白质体现出来的，而蛋白质也都是由氨基酸通过脱水缩合形成的。无论是微小的细菌，还是很大的大象，抑或是我们人类，所有的生物都以 ATP（腺苷三磷酸）为直接能源物质，为生命活动提供能量。这是在分子层面上的统一性。

DNA

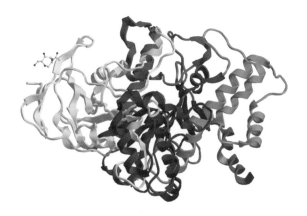

蛋白质

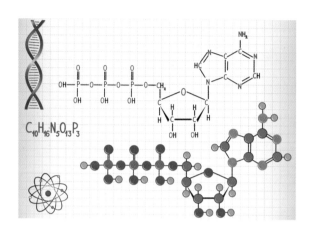

ATP

细胞层面上的统一性。绝大多数生物体都是由细胞组成的。细胞是组成生物体结构和功能的基本单位，像草履虫、变形虫、细菌等生物是由单细胞组成的，因此叫作单细胞生物。除此以外的生物都是由多细胞组成的，叫作多细胞生物。无论是单细胞生物还是多细胞生物，虽然在不同细胞的形态和功能上存在一定差异，但其基本结构大都是由细胞膜、细胞质和细胞核（或拟核）组成的。

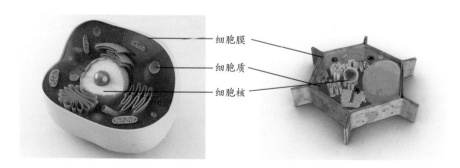

细胞的基本结构

除了单细胞和多细胞的分类方法，还可以根据有没有细胞核把细胞分成原核细胞和真核细胞，像细菌一类的生物的细胞是没有细胞核的，被称为原核细胞；植物、动物、真菌等生物的细胞是有细胞核的，被称为真核细胞。真核细胞里面有很多相同的细胞器，比如内质网、高尔基体、核糖体，这说明在真核生物之间也具有统一性。

细胞是生命系统结构层次的起点，从细胞开始，生命系统展现出从小到大的空间结构层次，即一个个细胞形成了**组织**，比如肌肉细胞形成肌肉组织，神经细胞形成神经组织。组织联系在一起又形成了**器官**，比如我们人体有肝脏、胃、胆囊等器官。器官联系在一起又形成了**系统**，比如运动系统、呼吸系统、消化系统等。人体共有八大系统，这些系统相互作用，构成了人体这个**个体**。很多人在某个地方聚集就组成了人群，成都大熊猫基地所有的大熊猫构成了大熊猫的**种群**。大熊猫吃竹子，大熊猫、竹子和成都大熊猫基地的其他生物就组成了群落。再加上这些生物生活的环境，就共同组成了**生态系统**。整个地球就是最大的生态系统，叫作**生物圈**。细胞 → 组织 → 器官 → 系统 → 个体 → 种群 → 群落 → 生态系统，每一个层次都有它们自己的结构和功能，而每一个层次之间又相互联系、相互依附，组成了一个和谐的整体。

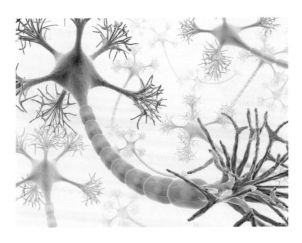

神经细胞

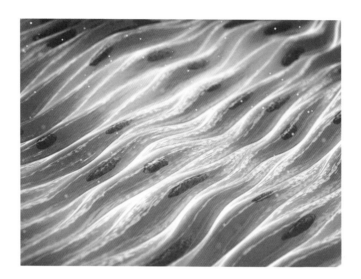

肌肉细胞

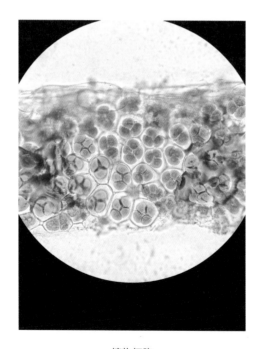

植物细胞

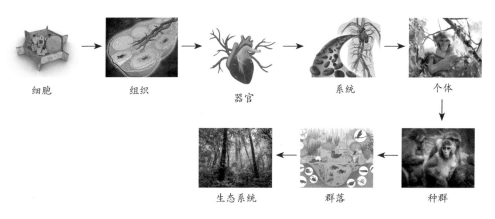

细胞　　　　组织　　　　器官　　　　系统　　　　个体

生态系统　　　　群落　　　　种群

生命系统的结构层次

身体结构上的统一性。天上飞的蝙蝠的翼手、鸟的翅膀，地上走的人的手臂，海里游的海豚的鳍肢，这些器官从外形上看起来一点都不一样，而且它们的功能也不同，有的用来飞翔，有的用来劳作，有的用来游泳。但是如果仔细研究它们的结构模式，会发现它们的骨骼组成类型很相似，肌肉和血管的构造也很类似，而且从胚胎学上来讲，它们都是从相同的组织发育而来的。所以，彼此不同而又相似的物种，由同一祖先发展而来，遗传和进化使所有的生物保持某种结构和功能的统一模式。

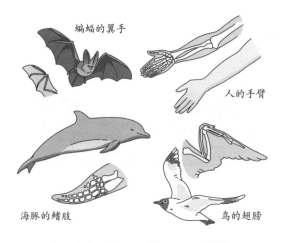

蝙蝠的翼手

人的手臂

海豚的鳍肢

鸟的翅膀

结构相似但外形和功能各不相同的器官

生命特征的统一性。除了在空间结构层次上的相互关系，我们也可以从时间层次上了解大自然 40 亿年的造物奇迹。假设你回到了 40 亿年前，在地球海底的热泉口观察生命的诞生，你会发现从单细胞生物到多细胞生物的所有生物都需要完成两件事情，一是新陈代谢，二是自我复制（或者叫作繁殖）。新陈代谢和繁殖是生命最重要的两个特征。

先看新陈代谢。只要活着，生物就要从外界获取营养物质并转化成自己的成分（同化），同时还要将自己体内的营养物质分解产生能量（异化），这样才能保证正常的生长发育过程。各种来自不同生物、拥有不同功能的细胞里面主要的代谢途径如糖酵解、三羧酸循环等过程居然是一致的，这是生命让人惊叹的地方。

再来看繁殖。基因是"自私"的，《自私的基因》一书中有这样一个观点："生物只是基因传播的载体"。换句话说，我们可能只是被基因操纵的工具，而所有生物存在的意义就是要让基因传递下去，这种传递的手段就是自我复制（繁殖）。所以，繁殖是一切生物存在的最重要使命，只有通过繁殖把自己的基因传递下去，这个物种才能保证自己在严酷的自然选择中不被淘汰，才能世世代代地传承下去。

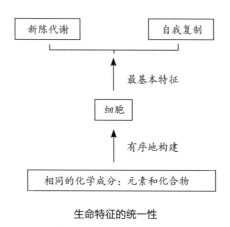

生命特征的统一性

信息传递的统一性。在生物体内，有这样一条信息流，被称为"中心法则"：在细胞内，遗传信息从 DNA 向 RNA 传递，再从 RNA 向蛋白质传递，从而完成遗传信息的转录和翻译过程。在翻译的过程中，所有生物共用一套遗传密码，某个密码子一定对应着相应的氨基酸——这正是我们现在能用细菌来制备人类胰岛素的原因之一。除此之外，信息也可以从 DNA 向 DNA 传递，完成 DNA 的复制过程。这是所有具有细胞结构的生物所遵循的法则。在某些病毒中，RNA 可以完成自我复制或者逆转录形成 DNA，这些是对中心法则的补充。

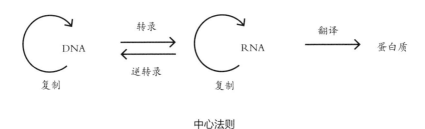

中心法则

生命系统是物质、能量、信息的统一载体。物质、能量、信息是任何一个自动控制系统所不可缺少的，细胞、人体、生态系统这些生命系统都不例外。生命是由水、无机盐和生物大分子组成的高度有序的动态体系，能量是推动生命体系的物质运动和保持有序状态的动力，信息传递是维系生命体系的调控机制。例如，细胞中的线粒体能够将有机物中的化学能释放出来，为细胞的生活提供动力，而细胞核中的 DNA 决定了化学能释放的时刻，它会发出一系列的指令，也就是信息，来精细地指导和控制其中的物质和能量变化。再如，在人体中，我们通过吃饭和喝水吸收物质，将物质转化成为体内的能量，将其中大部分能量转化成热量来维持我们的体温，另一部分能量供我们活动、思考，还有一部分没有用完的能量就在身体内储存起来，以备不时之需。生态系统能量流动顺着食物链的方向进行，碳、氮等物质在生物界和非生物界中不断进行循环，蜜蜂的舞蹈传递着信息，鸟类百转千回的鸣叫也传递着求偶的信号。

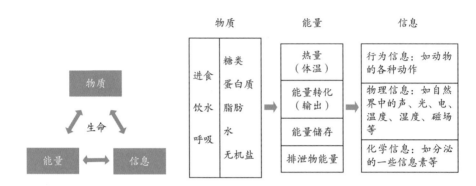

生命系统是物质、能量、信息的统一载体

所以，虽然生命现象纷繁复杂，但是从微观的分子细胞层面到中观的个体层面再到宏观的生态系统层面，在本质上都具有惊人的一致性。只有在了解了生命的本质之后，我们才能更深刻地理解生物学这门学科。

生物学的世界观概论

所谓世界观，其实就是对世界的根本看法。世为时间，界为空间，观为观念。人们曾认为地球是宇宙的中心，人类是地球的主人。西方人最初认为万物都是为了人类生活这个目的而由"神"创造出来的。可是，哥白尼提出了日心说，说太阳才是中心；达尔文提出了进化论，说人类不是由"神"创造的。"地心说""日心说""进化论"这些观点在本质上反映了人们看待世界的方式，所以就称之为世界观。

我把生物学的世界观总结为**结构功能观、物质能量观、稳态平衡观和进化适应观**。这 4 个观念不仅是我们认识生物这门学科的一套基本工具，还是我们理解过去、预判未来的一幅思维导图。在下文中，我会举例来解释这 4 个抽象的名词。

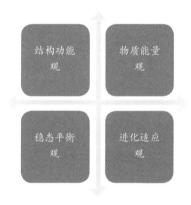

生物学的世界观

镰刀型细胞贫血病的故事

20 世纪初，一个非洲青年因身体不适来到了赫里克医生的诊所，他的症状包括发烧、肌肉酸痛、四肢无力，且否认最近有外伤和剧烈运动。医生使用了当时能使用的所有治疗发烧和疼痛的药物，可是病人没有一点好转。赫里克医生感到很奇怪，通过对患者血液细胞的检查，发现他的红细胞不是正常的盘状，而是镰刀的形状。

大家都知道，红细胞对我们来说非常重要，它负责运输氧气。正常的红细胞能够把氧气运输到全身各个细胞中去，让细胞进行有氧呼吸，分解储存在细胞内的葡萄糖等有机物，从而释放大量的能量供人体进行生命活动。中国成人体内的红细胞数目的正常范围是（3.5～5.5）×10^{12}/L，人体通过制造新的红细胞来补充死去的红细胞这一方式，使得红细胞的数量处于动态平衡之中。正常人体的红细胞为盘状，能穿过很细的毛细血管。然而，镰刀状的红细胞变形能力差，在流到很细的毛细血管附近时，由于无法通过，会堵塞毛细血管，引起患者的局部缺氧，从而感觉疼痛，严重时甚至可能导致死亡。

从理论上讲，镰刀型细胞贫血病突变的产生概率在各个人群中是一致的，但有数据显示，撒哈拉沙漠以南的非洲人患镰刀型细胞贫血病的概率远高于其他人群。为什么镰刀型细胞贫血病在非洲人中患病率最高呢？

非洲撒哈拉沙漠以南的绝大部分区域属于热带雨林气候或热带草原气候，高温高湿的气候条件极利于疟疾的传播。疟疾已经成为当地居民健康的最大威胁，使非洲每年死亡几十万人。科学家发现，杂合基因型的镰刀型细胞贫血病基因携带者能够在降低疟疾感染率的同时，将贫血的症状维持在较低水平。因为在杂合基因型的镰刀型细胞贫血病基因携带者中，既可以产生正常的血红蛋白，又能产生失活的血红蛋白。这使得个体本身既不会表现出明显的贫血症状，又使得单个红细胞的含氧量低于正常值，导致疟原虫无法在这样的红细胞中寄生，因此镰刀型细胞贫血病反而让患者不容易得疟疾。

得了镰刀型细胞贫血病反而有助于抵抗疟疾，这真是一件有趣的事情。不利的镰刀型细胞基因突变居然也是有好处的，可以转变为防止疟疾流行的一种可行的解决方案。其实，不仅仅是镰刀型贫血病，很多疾病，像糖尿病、高血压、高胆固醇等，都曾经帮助人类战胜如饥荒、瘟疫、缺水、极寒天气、中毒等不利环境。生命是一个极其复杂的动态演化过程，生病有时候只是这个过程中的一种妥协，生命选择致病性突变的最终目的是换来整个种群的延续。所以，从某种意义上来说，进化其实是生命的一种"不得已"的权宜之计，它选择的不是最好的，而是最适应环境的，是"两害相权取其轻"的自然选择的结果。下面我来总结一下镰刀型细胞贫血病案例里面涉及的生物学观念。

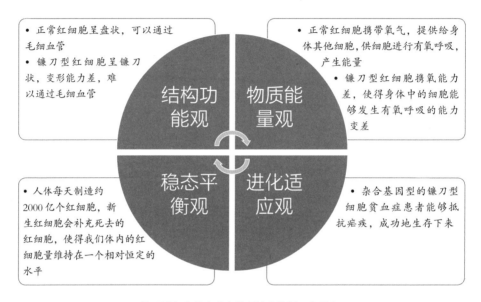

- 正常红细胞呈盘状，可以通过毛细血管
- 镰刀型红细胞呈镰刀状，变形能力差，难以通过毛细血管

结构功能观

物质能量观

- 正常红细胞携带氧气，提供给身体其他细胞，供细胞进行有氧呼吸，产生能量
- 镰刀型红细胞携氧能力差，使得身体中的细胞能够发生有氧呼吸的能力变差

稳态平衡观

进化适应观

- 人体每天制造约2000亿个红细胞，新生红细胞会补充死去的红细胞，使得我们体内的红细胞量维持在一个相对恒定的水平

- 杂合基因型的镰刀型细胞贫血症患者能够抵抗疟疾，成功地生存下来

镰刀型细胞贫血病中体现的生物学四大观念

生态系统中的生物学观念

由植物、动物、微生物和周围的非生物环境的相互作用形成的统一整体，称为生态系统，一片森林、一片草原、一片湖泊、一块农田，都可以看成是一个生态系统。在生态系统中，也能够体现出结构功能观、物质能量观、稳态平衡观和进化适应观，下面我们分别来讲解。

生态系统由生产者、消费者、分解者和非生物的物质和能量组成。生产者，如大多数的植物，可以通过光合作用将光能转变成储存在有机物中的化学能，所以，生产者在生态系统中是必需的成分。消费者，如大多数的动物，能加快生态系统的物质循环，也能帮助植物传播花粉和种子，在生态系统中有比较重要的作用。分解者能将动植物的遗体、动物的粪便等进行分解，形成无机物，进一步为生产者提供物质和能量。在生态系统中，生产者、消费者、分解者这些成分相互关联、相互作用，使得生态系统成为一个统一的整体。

生产者和消费者之间通过捕食关系形成了食物链和食物网，这是生态系统的营养结构，生态系统的功能——物质循环和能量流动就是沿着食物链进行传递的。所以，结构是功能的基础，结构决定其功能的实现，这体现了**结构功能观**。

物质作为能量的载体，使得能量沿着食物链从第一营养级传递到最高级营养级。在此过程中，由于呼吸消耗、分解者分解等过程，能量呈现出单向传递、逐级递减的特点。因此，生态系统需要来自外界的能量补充，才能维持生态系统的正常功能。而碳、氢、氧、氮、磷等元素能够从非生物群落到生物群落不断进行循环，能量作为动力促进这一循环过程的进行。所以物质和能量之间是相互依存、相互促进的，这体现了**物质能量观**。

在大草原上，如果兔子太多，草就会变少。但是，如果兔子多了，狼就会多，使得兔子不会太多。因此，草原上草的量会恢复或者接近原来的水平。所以，生态系统的结构和功能是处于一定平衡中的，生物的种类保持相对稳定，物质和能量的输入和输出保持相对稳定，生产—消费—分解的各个过程保持相对稳定，生态系统具有良好的自我调节能力，这体现了**稳态平衡观**。

荒漠中的仙人掌长有肥厚的肉质茎，叶呈针状，气孔在晚上才开放，这是为了让仙人掌减少水分的散失。骆驼刺植株很矮，但根却能长达 15 米，发达的根系可以帮助植物有效吸收水分。蜥蜴和蛇外表皮有鳞片，可以减少水分的蒸发。某些啮齿类动物以固态尿酸盐而不是含尿素的尿液的形式排泄含氮废物，也是为了减少水分的流失。这些生物发展出了适应荒漠生存环境的本领。其实，不只是荒漠，草原、森林等生态系统中，生物的生理、行为等都有与其环境相适应的特征，而这些是长期的生物与生物之间、生物与环境之间协同进化的结果，这体现了**进化适应观**。

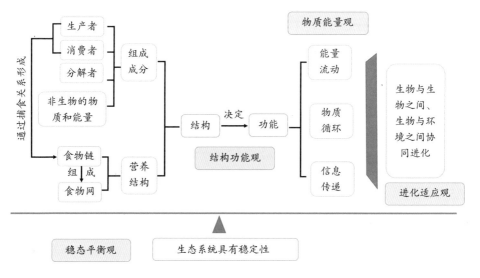

生态系统中的生物学四大观念

ATP 中的生物学观念

ATP（腺嘌呤核苷三磷酸，简称腺苷三磷酸）是生命体内非常重要的一种小分子，它是生物体直接的能量来源。为什么 ATP 是直接能源物质而葡萄糖却不是呢？根据结构决定功能的生物学观念，我们要想回答某个物质为什么有这样的作用，就要先从它的结构入手去分析。

1 分子 ATP 由 1 分子腺嘌呤、1 分子核糖和 3 分子磷酸基团组成。在第 1 个磷酸和第 2 个磷酸、第 2 个磷酸和第 3 个磷酸之间是由 2 个高能磷酸键连接在一起的，高能磷酸键的水解能释放出大量的能量。而 ATP 之所以能够快速地提供能量，就是因为 ATP 很容易水解。ATP 为什么容易水解呢？从结构上我们可以看到 3 个磷酸基团横着排列在一起，而磷酸基团是带负电的，我们把每个磷酸基团都想象成带 1 个负电的球，3 个带负电的球挤在一起，同性相斥，最外面的那个球非常容易掉下去，也就是说，最外面那个高能磷酸键是最容易被水解的。所以，ATP 高能磷酸键的结构决定了 ATP 容易水解这一性质，进一步决定了 ATP 能够充当直接能源物质这一功能。这体现了**结构功能观**。

ATP（腺苷三磷酸）

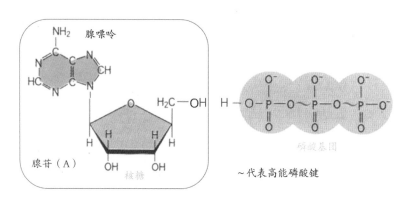

ATP 结构简式为：A-P~P~P

ATP 分子中体现的结构功能观

ATP 水解形成 ADP（腺苷二磷酸），可以释放能量，用于各项生命活动。比如，ATP 释放的能量可以转化为纤毛和鞭毛的摆动、肌细胞的收缩、细胞分裂期间染色体的运动等活动需要的机械能，也可以转化为生物体内神经系统传导冲动和某些生物产生电流的电能，还可以转化成萤火虫发光时的光能……ATP会消耗完吗？体内的ATP消耗殆尽后怎么办？如果ATP消耗完了，那我们将无法学习、无法工作、无法生活，甚至连基本的生命活动都不能维持了。实际上，ATP是不会消耗完的。

成年人每天所需的能量等同于水解100 ~ 150mol ATP获得的能量，100 ~ 150mol ATP的质量为50 ~ 75kg，这差不多就是一个成年人的体重了，显然人体内不可能含有那么多ATP。实际测得人体内细胞中的ATP含量只有0.1mol，而且几乎一直维持在这个水平上，那么多的能量是从哪里来的呢？其实，人体不停地生产和消耗ATP，在消耗后马上补充。ATP永远维持在一个动态平衡的状态之中，人体也有了源源不断的能量，这就是**稳态平衡观**。通过计算我们可以知道，每一个ATP分子，每天在人体内要被生产和消耗2000 ~ 3000次，相当于每小时循环约百次。

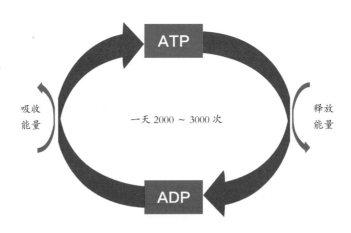

ATP分子中体现的稳态平衡观

ATP的重新生产要依靠ADP与磷酸在酶的催化作用下重新合成，合成过程需要吸收外界的能量。这个能量来自光合作用的光能和细胞呼吸产生的能量。所以，物质分解伴随着能量释放、物质合成伴随着能量储存的过程，就是**物质能量观**。

ATP 分子中体现的物质能量观

ATP 水解第 1 个磷酸形成 ADP，水解第 2 个磷酸形成 AMP（腺苷一磷酸），而 AMP 是腺嘌呤核糖核苷酸，是组成 RNA 的结构单元。这是一件很有趣的事情，ATP 是能量物质，而 RNA 是最古老的与遗传相关的分子，这两者在最基本的小分子结构组成上居然是一致的，这展示了进化的一致性。而且无论动物、植物还是微生物，都是以 ATP 为直接能源物质，这展示了进化的保守性。这些都可以体现**进化适应观**。

ATP 的最终水解产物 AMP 是组   植物、动物、微生物都以 ATP 为直接能源物质
成 RNA 结构单元的一种

ATP 分子中体现的进化适应观

在绪论中，我们以镰刀型细胞贫血病、生态系统和 ATP 为例，很好地诠释了生物学的四大世界观：**结构功能观、物质能量观、稳态平衡观和进化适应观**。

第一篇　生物学的世界观：给你一个不一样的角度看世界

第1章

结构功能观：
结构与功能相适应

长什么样子和有什么用密切相关

结构与功能相适应

结构是指长什么样子，功能是指有什么用。从细胞到人体再到生态系统，结构与功能相适应的例子比比皆是。鹰的爪子长、弯、尖利，能够刺穿并控制猎物；鸭子的爪子扁平有蹼，长于游泳，而弱于树枝攀爬；鸽子的爪子直长，决定它善于走路和攀住枝条。肠道细胞表面有许多小绒毛，这种结构极大地扩大了细胞表面积，从而帮助肠道最大程度地吸收食物营养；神经元高度分支化的结构让它可以和很多其他神经元相互作用，从而实现高效的信号传递；红细胞呈双面微凹的圆盘状，没有细胞核，可以携带更多的氧气。结构决定功能，这不仅是生物学上一个颠扑不破的道理，也是物理学、化学、工程学中的一个基本原理。同时，这一原理还可以应用在人类学、人口学、教育学、管理学、组织行为学等诸多人文社会学科中。我们可以把社会想象成一个"细胞"，只有具备了良好的结构，社会才能以良好的秩序运行，才能更好地发挥它的功能。

细胞里的结构功能观

细胞是一个复杂的生命系统。如草履虫、变形虫之类的单细胞生物，拥有口、肛、伸缩泡、纤毛、鞭毛等结构，负责取食、排出废物、运动等功能，所以单细胞生物依靠单个细胞就可以完成一系列的生命活动。多细胞生物由多种细胞形成组织、器官、系统，进而形成个体，不同的细胞长的样子不一样，行使的功能也不同，配合在一起完成复杂的生命活动。比如我们之前讲的红细胞，长成了边缘厚、中间薄的样子。一方面，这样的结构增加了表面积，能更好地和血液中的氧气结合，增加氧气运输的效率，另一方面，扁平圆盘的造型增加了红细胞的韧性，在遇到如羊肠小道一样很细的毛细血管时，红细胞可以"收腹、猫腰"侧身通过，保证在我们身体的最末端的细胞也有充足的氧气和养分的供应。同时，红细胞为了跑得更快，选择在发育的过程中把细胞核和细胞器丢掉，这样就可以轻装上阵（所以红细胞的寿命只有120天），能以最快速度为其他细胞提供补给。这些都是红细胞的结构与功能相互适应的表现。当然，除了红细胞，神经细胞所具有的长长的轴突可以用来传递电信号，精子的长尾巴可以帮助精子游动找到卵细胞……这些都是细胞中结构功能观的体现。

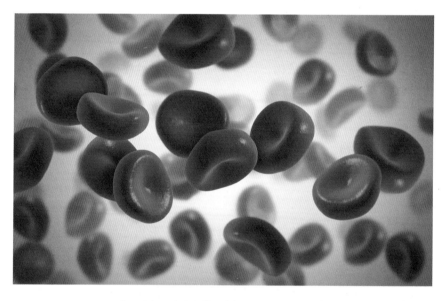

盘状的红细胞能携带更多氧气，钻过毛细血管

细胞中结构功能观的体现（1）

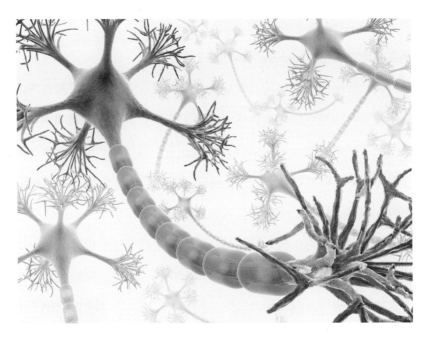

神经细胞长长的轴突用来传递电信号

细胞中结构功能观的体现（2）

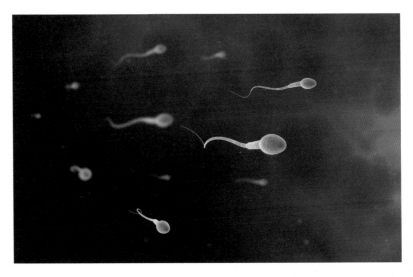

精子的长尾巴帮助精子运动，协助受精作用

细胞中结构功能观的体现（3）

细胞中的大部分结构都体现了结构与功能相互适应的观点。细胞从外向内的基本结构是细胞膜、细胞质和细胞核。

细胞膜：细胞膜像细胞的"城墙"一样，把细胞内的物质与外界隔开，为细胞创造了一个独立的环境，使得各种生化反应都能在细胞内进行。这个"城墙"的砖是由磷脂分子组成的，磷脂分子头部亲水、尾部疏水，靠疏水相互作用力形成了磷脂双分子层，这组成了细胞膜的基本骨架。在细胞膜上，有蛋白质以覆盖、镶嵌、贯穿等方式插在磷脂双分子层上。由于磷脂分子可以在细胞膜上发生侧向扩散、旋转运动、摆动运动等，所以磷脂分子是可以流动的，同时，细胞上的蛋白质也是可以流动的。因此，细胞膜作为细胞的边界，其实是一堵可以流动的"墙"。我们可以做一个小实验，用家里的保鲜膜把一个苹果包起来，再试着让苹果用力穿过这层膜，这时保鲜膜会先变形，进而破裂，直到留下一个无法复原的大洞。但是，细胞膜不一样，当某些物质穿过细胞膜的时候，细胞不会破损，细胞膜仍旧是完整的，这是因为细胞膜磷脂分子具有流动性（当然，这与膜上的蛋白质也有密不可分的关系）。对于较大的或不易穿过细胞膜的物质，细胞可以用胞吞和胞吐的方式使其进出细胞，比如，变形虫吃食物（胞吞）、细胞分泌胰岛素（胞吐）等。表1总结了细胞膜的流动镶嵌模型如何体现出结构与功能的关系，并反映出结构的流动性特点和功能的选择透过性特点。

表 1 细胞膜的流动镶嵌模型

结构	功能
磷脂双分子层	细胞的边界
膜上的蛋白质	识别（受体）、物质交换和运输（载体、通道等）

除了作为细胞"城墙"砖的磷脂分子外，细胞膜上还有发挥重要作用的

蛋白质，它们就像是"城墙"上的门和窗。有的膜蛋白是受体，能识别外界来的分子并把信号传递到细胞中去，比如，我们能闻到各种味道，就是因为气味分子可与鼻腔细胞上的气味分子受体结合。有的膜蛋白是通道蛋白和转运蛋白，能够把物质从细胞内运出来，或者从细胞外运到细胞里面去，比如，钾离子通道可以向内或向外运输钾离子，葡萄糖转运蛋白可以将葡萄糖转运到细胞中去让葡萄糖被细胞利用。

下面我们以钠离子通道为例来分析结构与功能的关系。钠离子通道负责动作电位的起始和延伸，它在轴突传导和神经元的兴奋性等生理作用上发挥着重要的作用。我们的心脏能跳动、肌肉能活动、大脑能产生记忆等都与钠离子通道密切相关。在 2017 年之前，人们对钠离子通道的研究只集中于电生理和生化研究，对真核钠离子通道的结构一无所知。清华大学颜宁教授团队经过 10 年的努力，终于在 2017 年获得第一个真核钠离子通道的结构，并在随后解析了人源钠离子通道结构。人源钠离子通道由约 2000 个氨基酸组成，包含 4 个结构域，每个结构域都含有 6 次跨膜螺旋（S1 ~ S6）。其中 S1 ~ S4 构成电压感受结构域，负责感受跨膜电势的变化；S5 ~ S6 及中间的 P 区域（P-loop）构成中间的孔隙结构域，负责离子的筛选。在孔隙结构域中，自外而内有两个区域，第一个是离子选择器，它让钠离子通道专一性地选择钠离子，把其他离子都排除在外。另一个是胞内的门控区域，钠离子通道的开放和关闭主要取决于这个胞内门控区域的直径。

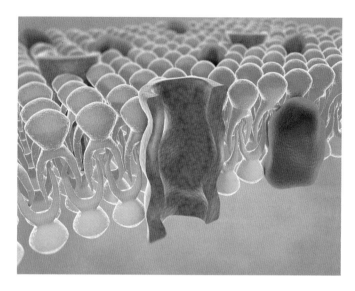

流动镶嵌模型

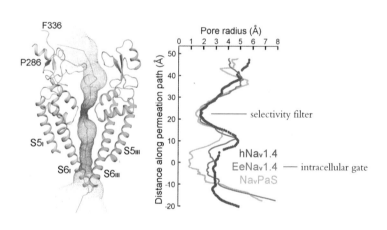

钠离子通道工作模型

可见，有什么样的结构就对应着什么样的功能，钠离子通道工作模型从分子水平上体现了结构功能观。

细胞质：细胞质包括细胞质基质、细胞器和细胞骨架。细胞器"浸"在一团黏稠的液体（细胞质基质）中，发挥不同作用。细胞里面有很多的细胞器，包括线粒体、核糖体、内质网、高尔基体、溶酶体、叶绿体等，我们重点讲解其中两个细胞器：线粒体和叶绿体。线粒体有双层膜，内膜向内折叠形成嵴，这样就会增大内膜面积，为酶的附着提供位点。为什么要这么多的酶呢？因为线粒体的内膜是细胞有氧呼吸第 3 步的主要场所，大量的酶能够让有氧呼吸迅速进行，从而为细胞提供大量能量。叶绿体作为植物细胞的一种细胞器，其内具有类囊体，多个类囊体堆叠成基粒，增大膜面积，为与光合作用有关的酶和色素提供大量附着位点，便于光合作用的顺利进行。

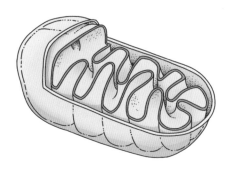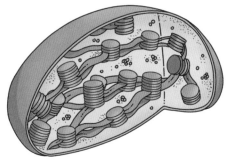

线粒体内膜向内折叠形成嵴（结构）为有氧呼吸酶的附着提供了大量的位点，保证了有氧呼吸能为细胞提供大量的能量（功能）　　　叶绿体内有类囊体（结构），增大了细胞内的膜面积，为与光合作用有关的酶和色素提供大量附着位点，便于光合作用的顺利进行（功能）

线粒体和叶绿体中结构功能观的体现

细胞内的细胞器虽然具有多样性，但细胞不是各种细胞器的简单堆叠，而是各种细胞器密切联系、分工合作形成的统一整体。例如，像胰岛素、抗体之类的蛋白质，是从细胞里分泌出来的。这些分泌蛋白在细胞中需要经历一系列不同细胞器的加工才能形成。先由核糖体合成多肽链，然后再经由内质网、高尔基体等进行加工和运输才能形成成熟的、折叠正确的蛋白质，再由囊泡运输出细胞。这些细胞器配合在一起，共同完成了分泌蛋白形成这一过程。

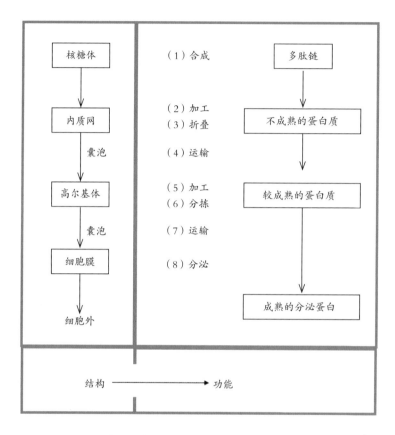

细胞内各种细胞器密切联系、分工合作

细胞核：细胞核是细胞的控制中心，控制细胞的代谢与遗传。细胞核能行使这样的功能与其结构密切相关，核膜将核内物质与细胞质分开，保证了核内代谢反应不受干扰；核膜上的核孔实现了细胞核和细胞质之间的物质交换和信息交流，像 mRNA（信使核糖核酸）之类的物质就可以通过核孔到达细胞质中。核仁与 rRNA（核糖体核糖核酸）、核糖体形成有关，这样会进一步影响到遗传信息传递的翻译过程。细胞核里还有染色体，是由 DNA 和蛋白质组成的，其中，DNA 是遗传物质。DNA 作为遗传物质，一方面要求稳定，不能随意被破坏；另一方面，又要求能复制自身，所以又需要不是那么稳定。这两者看起来是相互矛盾的。那 DNA 到底长什么样子才能够既稳定又不稳定呢？

　　DNA 结构的发现是生物学发展中最重要的历史节点之一，它标志着分子生物学的开端。20 世纪四五十年代，人们对遗传物质到底是 DNA 还是蛋白质争论不休。人们不相信由 4 个碱基组成的 DNA 能够充当遗传物质。1953 年，两个名不见经传的小人物给出了最终答案，一个是本来进行噬菌体遗传研究的沃森，另一个是 37 岁还未拿到博士学位的克里克，他们看到了富兰克林在 1951 年 11 月拍摄的一张十分漂亮的 DNA 晶体 X 射线衍射照片，于是他们结合前人的实验，将 DNA 是遗传物质这一事实一锤定音。他们通过观察照片，领悟到 DNA 是两条链，而且以磷酸为骨架相互缠绕形成了双螺旋结构，氢键把双螺旋结构连接在一起。他们把自己的猜想发表在 1953 年 4 月 25 日出版的《自然》杂志上。就这短短的一页半纸，构筑了生物学历史上最重要的发现之一。为什么 DNA 结构如此重要呢？因为它从根本上解释了 DNA 能充当遗传物质的原因。DNA 作为遗传物质，既需要稳定地存在、不能随意被分解，又需要不稳定，例如能在解旋后精确地进行自我复制并且能产生变异——这些看似矛盾的功能都能在 DNA 的双螺旋结构上得到完美统一的解释。

　　DNA 分子是由两条链相互缠绕组成的，脱氧核糖和磷酸交替连接，排列在外侧，构成基本骨架；碱基排列在内侧，通过碱基互补配对原则，碱基之间就像钥匙和锁孔一样通过氢键连接在一起。我们可以把 DNA 的结构想象成衣服上的一条拉锁，外侧由磷酸和脱氧核糖交替排列在一起，就像是拉锁上的布带，使 DNA 保持稳定，保证了 DNA 作为遗传物质不容易被降解或随意丢失。里面的碱基就像是拉锁凸出来的"齿"一样，A 和 T 配对，G

和 C 配对，保证了不同物种的遗传物质不尽相同。而且，由于内侧碱基之间是由氢键相连的，在解旋酶的作用下能够发生解旋，实现精确的自我复制和遗传信息的传递；同时，由于两条链发生了解旋，DNA 形成了不稳定的状态，增加了突变的概率，于是产生了变异。而这一点对于生物进化来说非常重要，因为突变为进化提供了原材料，有了突变才有可能产生自然选择。可见，DNA 结构完美解释了其作为遗传物质的功能，结构对于解释功能发挥的机制具有至关重要的作用。

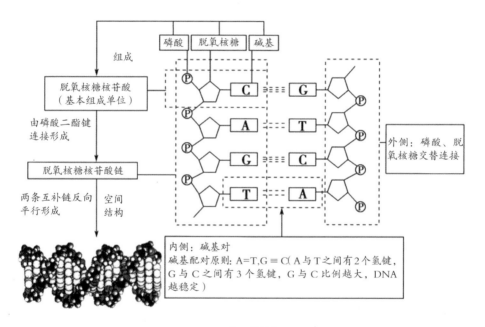

DNA 分子的结构

人体里的结构功能观

人体由八大系统构成，分别是消化系统、呼吸系统、循环系统、内分泌系统、神经系统、运动系统、泌尿系统、生殖系统。人体像是一台精妙的仪器，每一处的功能都有相对应的精巧的结构，下面我们以消化系统、泌尿系统、运动系统举例，分别讲解。

消化系统

食物是通过嘴巴进入人体的，嘴巴里面有牙齿和舌头。牙齿分为切牙、尖牙和磨牙。切牙在口腔前方中间，又叫门牙，可以切断食物；尖牙很锋利，可以撕裂食物；磨牙在口腔最里面，上下每侧各 2～3 颗，上端扁平，可以磨碎食物。舌头可以搅拌食物，把食物送到食管里，同时舌头上有味蕾，能让我们感受到各种各样的味道。嘴巴里还有唾液，也可以帮助我们把食物变软变烂。所谓病从口入，如果不注意饮食卫生，病原体可能会被吃到肚子里去，导致生病，所以要注意卫生，饭前便后要洗手，不要乱吃东西。

食管像是一条很长、很黑的隧道，食物通过食管进入胃里。胃的主要作用是消化而不是吸收，只有很少的食物在胃里被吸收。胃像是一个大的蚕豆，它通过有规律的蠕动搅磨食物，使食物与胃液充分混合。胃里面有胃酸和酶，能够进一步消化牙齿嚼碎的食物，直到把食物变得非常碎。胃酸营造出的这种酸酸的环境有利于酶发挥作用。大多数对人体有害的细菌都不能在这种酸酸的环境存活，帮助人体形成了一种天然抵御感染的屏障。那酸酸的液体为什么不会伤害人体呢？因为胃表面有黏液层，可以防止胃酸破坏我们自身的细胞。但是如果黏液层被破坏了，胃酸就会伤害我们自身的细胞，人体就会生病，发生胃溃疡。

食物来到了小肠。肠道通过蠕动来搅拌食物，使其与小肠里的液体混合，帮助食物进一步消化。小肠上有皱褶、小突起（绒毛）、与绒毛相似的小管子，这些结构的有机组合使其吸收功能大大增强。同时，小肠上有大量的、丰富的毛细血管，它们会从小肠中吸收营养物质并送到血液中去，血液再把这些养分输送给全身各处的细胞，细胞由此能得到充分的营养物质。

大肠内很温暖，粪便在大肠内积存的时间长了就会"变质"，就像食物在高温环境下放久了会变质发出馊味儿一样。这种变质其实是肠道里面的细菌"发酵"导致的，所以臭臭的。这种细菌虽然会让大便变得臭臭的，却对人体非常有帮助。生长在大肠中的许多细菌能进一步消化肠里面的东西，有助于营养物质的吸收，而且大肠中的细菌还能产生一些对人体来说非常重要的物质，如维生素 K。平常我们要多吃蔬菜和水果，它们会促进肠蠕动，让粪便尽快排出，使其不在肠道内堆积。

放屁其实也是与肠道细菌相关的。人在吸收食物的营养时，由于胃、肠道里正常菌群的作用，会产生较多的气体。这些气体可以随同肠蠕动向下运行，由肛门排出。排出时，由于肛门太"窄"了，气体挤出去需要费力气，所以有时会发出响声。放屁其实是肠道正常运行的一种表现。相反，如果不放屁才说明人体不健康、不正常。

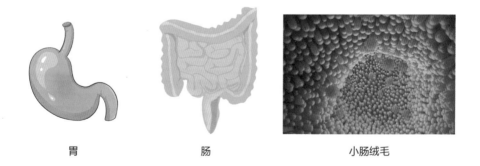

胃　　　　　　　　　　肠　　　　　　　　　　小肠绒毛

泌尿系统

细胞产生的废物通过血液循环带给肾脏。肾脏中的肾小球、肾小管等结构，像一个污水处理厂一样，当血液到达肾脏后，肾脏把对身体有用的物质（例如葡萄糖）重新回收，把废弃物一层一层过滤掉，最后剩下的废弃液体就是尿。尿通过两条管子流入一个储藏罐——膀胱。膀胱像气球一样，随着尿液的增多可以被撑大，满了人就会感觉想要上厕所。尿从尿道排出体外后，膀胱就像气球被压瘪了一样。

人体靠水把细胞中的废物带走，我们平时要多喝水，如果不喝水或喝水少，废物就会积累在细胞里，对人体健康不利。喝水少的人尿液是黄色的，而且味道很大，因为里面有很多的代谢废物，浓度很高，就像污水里面有很多脏东西一样。这种高浓度的尿液会增加人体患肾结石的概率。排尿次数太少也会增加尿路感染的概率。所以，要多喝水，看起来比较清澈的尿液才是正常的尿液。千万不能因为不愿上厕所就不喝水。人一天要喝 1~2L 水才行，注意：要喝水，饮料不能代替水。

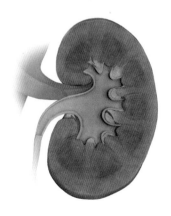

肾脏

膀胱

另外，我们还不能因为怕麻烦就憋尿不去上厕所。如果长期憋尿，膀胱会像撑开的气球一样失去弹性。长此以往，膀胱不能完全缩回来，在膀胱里的尿液就永远都排不干净，永远有废物留在身体里面，这样人就容易生病。

运动系统

运动系统由骨、骨连结和骨骼肌三种器官组成。骨骼系统形成了人体体形的基础，并为肌肉提供了广阔的附着点，有着运动、支持和保护的作用。

骨是由大量钙化的骨细胞组成的，分布在人体全身各个地方。成人大概有206块骨，初生的婴儿大概有305块骨。骨由骨质＋骨髓＋骨膜组成，骨质中的骨密质的密度大，分布于长骨表面，硬度较大；骨松质较为疏松，分布于长骨内侧，弹性较大。人能站起来是由于骨的支撑，因为骨头很硬，其组成成分是碳酸钙，与石头类似。既然骨头那么硬，我们平时做各种各样的姿势和动作，为什么没有把骨头折断呢？骨头里的一些物质（骨胶原、韧带），给骨骼提供了柔韧性。老人比较容易骨折，就是因为这些物质比较少，受伤后愈合速度较慢。骨髓位于骨的最内侧，具有造血功能。骨膜分为骨外膜和骨内膜，骨外膜含有丰富的血管和神经，促进骨的生长和再生。骨内膜有造骨细胞，参与骨的增粗和长长，对骨的生长和增生（断裂愈合）有重要作用。幼儿骨折后愈合比较快、幼儿长个头的速度很快，都是骨膜的作用。胎儿在妈妈肚子里的时候是软骨，婴儿刚出生时也是软骨。当软骨变成硬骨后，孩子才能站稳、站直。在长大的过程中，孩子的骨头不断长长、不断长粗。长到20～25岁后，人的骨头就停止长长和长粗了，就不再长个子了。

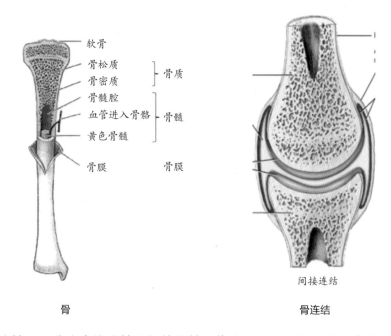

软骨
骨松质
骨密质　｝骨质
骨髓腔
血管进入骨骼　｝骨髓
黄色骨髓
骨膜　　　　骨膜

骨

间接连结

骨连结

　　骨连结可以分为直接连结和间接连结。像头的颅顶和椎骨就是直接连结，而像肘关节、膝关节、踝关节这些关节就是间接连结。间接连结的好处是灵活性强，但牢固性差，所以千万不要用猛力去拽胳膊。

　　肌肉是运动系统的主动动力装置，在神经支配下，肌肉收缩，牵拉其所附着的骨，以可动的骨连结为枢纽，产生（杠杆）运动。骨骼肌包括肌腱和肌腹两部分。肌腱呈白色，由致密结缔组织构成，很坚韧。一般位于骨骼肌的两端，分别附着在邻近的两块骨上，没有收缩能力。肌腹呈红色，位于骨骼肌的中间，外面包裹着结缔组织膜，里面有丰富的血管和神经，柔软而富有弹性，在受到刺激时能够收缩。大部分骨骼肌能使骨骼运动，骨骼肌缩短产生运动，收缩产生的力是拉力而非推力，比如举哑铃、跳绳、打排球和跑步等运动。儿童和青少年要注意适当增加体育锻炼，可以提高全身骨骼肌的韧性。中老年人在不伤害肌肉的情况下尽量做有氧运动，如游泳、打太极等，让肌肉不会松弛。

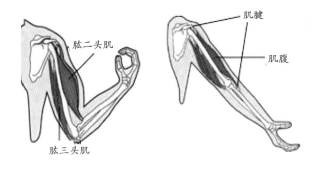

骨骼肌

大自然里的结构功能观

在森林里，高低错落、郁郁葱葱的不同植物组织在一起，构成了生物的群落。组成群落的生物种群不是任意拼凑在一起的，而是有规律地组合在一起，这样才能形成一个稳定的群落，森林是典型的代表。

群落具有自己的结构，森林为垂直结构，从下到上分别是：苔藓、草木、灌木和乔木，分别形成了地表层、草本层、灌木层、下木层和林冠层。影响森林垂直结构的主要因素是阳光，因此，如果林冠层比较稀疏，则下木层和灌木层就会发育得比较好；而如果林冠层比较稠密，那么下面的各层植物所得到的阳光就会减少，因此底层更适合喜阴植物生存。森林这样复杂多样的垂直结构使得其具有调节气候、净化空气、维护生态平衡的作用，被称为"地球之肺"。

林冠层

下木层
（矮树）

灌木层

草本层

森林的垂直结构

　　植物的垂直结构决定了动物的垂直结构，因为植物为不同种类的动物创造了栖息坏境和食物条件，在每一个层次上都有一些动物特别适应在那里生活，比如：绢毛猴、树懒等喜欢生活在林冠层，而鹿、狐狸、臭鼬等喜欢生活在地表层。同时，群落也有水平结构，通常呈现斑块和镶嵌的特点，比如：在森林中，有些树木的种子直接落在母株周围就会产生成簇的幼株，这样就形成了一个集群；靠风力传播的种子（如蒲公英）和靠鸟兽传播的种子（如苍耳）就可以散播得很远。空间异质性，如土壤、小地形、风和火等环境条件都能影响生物的水平分布格局，这都是水平的群落结构与功能相适应的表现。

绢毛猴、树懒等在林冠层 　　　　　　　鹿、狐狸、臭鼬等在地表层

生态系统也有自己的结构。著名生物学家林德曼曾经描述了下述场景：一个风和日丽的春天，一只彩蝶翩翩飞来，落在鲜花上津津有味地吮吸花蜜，冷不防背后划过一道绿色刀影，转眼之间，蝴蝶已在螳螂的绿色大刀下奄奄一息。螳螂正要品尝美餐，蛤蟆出其不意地吐射长舌，一下子把它卷入口中。蛤蟆还没来得及吞咽螳螂，悄悄爬到近旁的长蛇猛地一窜，准确无误地一口咬住蛤蟆。正在这时，盘旋在天空中的鹰一个猛子扎下去，用利爪紧紧攫住蛇。在大自然里，这只是一个很普通的场景。

这个普通场景，却体现了生态系统自身的结构。生态系统主要由非生物的物质和质量以及生产者、消费者、分解者构成，贮存在生产者和不同的消费者体内的能量在生态系统中通过生物之间一系列吃与被吃的关系层层传导，于是不同的生物构成了一个统一的整体。生物之间彼此紧密地联系起来，就像一条链子，一环扣一环，在生态学上被称为食物链。多条食物链之间交错纵横，彼此相连，形成了食物网，食物链和食物网形成了生态系统的营养结构。这样的结构使物种间相生相克、相互依存，都能在生态系统中存活下来；这样的结构保证了生物的生存繁衍，使一代代生物能够生生不息，发展壮大。

结构功能观的应用

灵感来源于大自然的日常物品

人们从植物和动物结构发挥的作用中汲取了很多灵感，制作了很多日常生活使用的物品。比如，人类在长期水上运动实践中仿照鸭子的鸭蹼、青蛙的蛙蹼制造出了脚蹼，脚蹼的出现大大提高了人类在水中行动的效率。潜艇能长时间潜航于冰海之下，但若在冰下发射导弹，则必须破冰上浮，这就碰到了力学上的难题。潜艇专家从鲸鱼每隔 10 分钟必须破冰呼吸一次这一特点中得到启发，在潜艇顶部突起的指挥台围壳和上层建筑方面，做了加强材料力度和外形仿鲸背处理，由此取得了破冰时的"鲸背效应"。另外，直升机的螺旋桨就是受到枫树种子螺旋下落的启发。魔术贴的灵感则来自苍耳很容易粘在狗的皮毛上这一特点。

脚蹼和蛙蹼　　　　　　　　　　　　螺旋桨和枫树种子

结构与功能观的仿生学应用（1）

潜艇和鲸鱼　　　　　　　　　苍耳和魔术贴

结构与功能观的仿生学应用（2）

基于结构的药物设计

除了在日常生活中的应用，结构功能观在生物制药中也得到了广泛的应用。电影《我不是药神》中提到了治疗慢性粒细胞白血病的"神药"——格列卫，这个药物是历史上非常著名的基于结构进行药物设计的案例，充分体现了我们讲的结构功能观。

慢性粒细胞白血病是一种血癌，大量不成熟的白细胞聚集在骨髓内，抑制了骨髓的正常造血功能，导致人会出现贫血、出血、感染等症状。多年来，这一疾病一直困扰着人类。

1956年，彼得·诺威尔回到故乡费城，加入宾夕法尼亚大学的病理学系，专门研究白血病和淋巴瘤。一天，他完成了对慢性粒细胞白血病样本的观察后，忘记拿专门的溶剂去清洗载玻片，而只用清水冲洗了一下，洗到一半时意识到自己犯了错误，于是他随手把载玻片重新放回了显微镜下，却发现原样本的染色体发生了巨大的变化。自来水或里面的一些杂质居然能引起染色体的扩张。于是，他把注意力放在了染色体的研究上，1960 年，他用当时最先进的秋水仙碱溶液染色体制备技术检测，发现慢性粒细胞白血病患者的第22 号染色体居然比正常人的要短一些。于是，他就猜想，有可能是染色体变异导致的这种癌症。这个发现在当时引起极大轰动，因为当时的主流科学界认为癌症的发生与染色体并没有关系，在所有的肿瘤细胞中，染色体都应该是正常的。为了纪念这一发现，人们把慢性粒细胞白血病患者体内的 22 号染色体命名为"费城染色体"。

不过，费城染色体的发现只是研究中的一个重要突破，并不是终点，光靠染色体异常这一个现象依然不能确定致病机理，更别说治疗了。1973 年，芝加哥大学的珍妮特·罗利教授在彼得·诺威尔的研究基础上发现，"费城染色体"较短是因为发生了染色体的易位——人类的 9 号染色体与 22 号染色体发生了一部分的交换，让 22 号染色体短了一截。那这样的交换又导致了什么后果呢？ 1983 年，美国国家癌症研究所与鹿特丹伊拉斯姆斯大学的学者们发现，由于两条染色体之间发生的交错易位，9 号染色体上的 ABL 基因，恰好与 22 号染色体上的 BCR 基因连到了一块，产生了一条 BCR-ABL 融合基因。这条融合基因编码了一种奇特的酪氨酸激酶——BCR-ABL 蛋白，这种蛋白在正常人体中并不存在。常规的酪氨酸激酶的活性会受到严格的控制，不会突然失控。但 BCR-ABL 蛋白则不同，它不受其他分子的控制，一直处于活跃状态。如果把 BCR-ABL 蛋白的作用比喻成细胞分裂增殖的油门，那么慢性粒细胞白血病患者的细胞中的油门就是一直处于发动的状态，导致细胞不断分裂增殖，引发癌症。当研究人员将这个融合基因导入小鼠的体内后，小鼠果然出现了致命的白血病症状。这个发现也最终证实，BCR 与 ABL 两条基因的融合，是此类白血病产生的根本原因。

知道了发病机理后，要怎么治疗这个病呢？科学家们提出了一个设想，BCR-ABL 蛋白作为一种特殊的酪氨酸激酶，会磷酸化下游底物，从而开启白细胞不断增殖的过程。那么，如果我们可以找一种小分子抑制剂，模拟底物的样子，但是比底物与这种酪氨酸激酶的结合能力更强，相当于提前"占坑"，那样的话，异常的 BCR-ABL 酪氨酸激酶就无法磷酸化下游底物，白细胞也就不会继续增殖了。这是一个绝好的主意，但是实行起来并不容易。

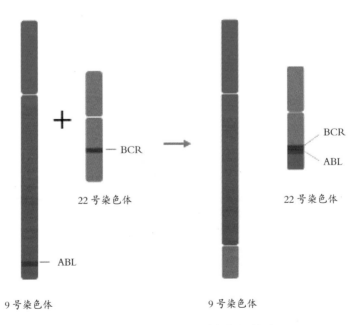

9号染色体的片段移接到22号染色体上引起变异

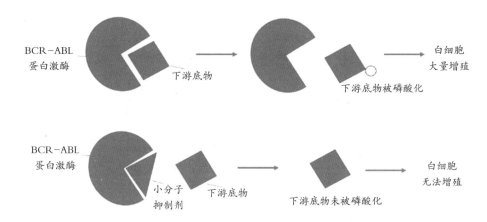

治疗思路：找一个小分子，能占据下游底物的位置

在 20 世纪 80 年代末，汽巴 – 嘉基公司（现属于诺华集团）的科学家们启动了一系列寻找蛋白激酶抑制剂的项目。在一个针对蛋白激酶 C 的项目中，研究人员发现一种 2 – 苯氨基嘧啶的衍生物展现出了成药的潜力，能同时抑制丝氨酸 / 苏氨酸激酶与酪氨酸激酶。尽管这种衍生物的特异性较差，无法直接将其用于治疗，但它为新药研发人员提供了一个研发的起点。科学家就在这个化合物的基础上，进行了一系列的合成尝试，不断优化这一分子的特性：在嘧啶的 3 号位上添加的吡啶基团能增加其在细胞内的活性；在苯环上添加的苯甲酰胺基团能增强对酪氨酸激酶的抑制能力；苯胺基苯环 6 号位的修饰进一步增强了对酪氨酸激酶的抑制；N – 甲基哌嗪的侧链添加则极大程度地改善了这个分子的溶解度，使得口服用药成为可能。经过一系列的设计与修饰，这款分子显示出了极高的特异性抑制能力，被命名为伊马替尼，药物产品名称为格列卫。所以，大家可以看到，新药研发绝非一步登天，其中离不开各种基于结构的理性的设计，在不断对结构进行优化的基础上，实现我们想要的功能。

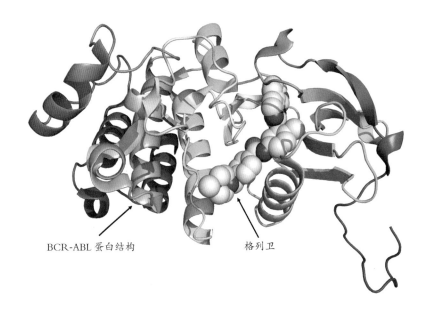

BCR-ABL 蛋白结构　　　　　　　　格列卫

彩虹色丝带模型代表 BCR-ABL 蛋白结构，球棍模型代表其抑制剂——格列卫

1998 年，格列卫进入了人体试验阶段，研究表明：这个药物不仅耐药性良好，而且在接受 300mg 剂量的 54 名患者中，有 53 名患者都出现了血液学上的完全缓解。格列卫具有非常好的疗效，被认为是医疗系统中"最为有效、安全、满足最重要需求"的基本药物之一。

从某种意义上来说，格列卫的出现是一个不折不扣的奇迹：它是人类历史上第一次认识到某些癌症是与遗传相关的疾病；是人类基于结构进行药物设计的经典案例，在治疗慢性粒细胞白血病上具有不可思议的疗效。

在格列卫这个药物被研发成功之后，基于结构的药物研发成为研究人员关注的重点。结构生物学就是研究生物大分子（包括蛋白质、核酸等）结构的生物学，为蛋白质与药物作用的分子机理提供重要信息。但是，由于结构生物学要用到 X 射线衍射、冷冻电镜等技术，因此解析每一个蛋白质结构都需要花费大量的时间。近些年来，人工智能 Alpha Fold 2 能够预测大量的蛋白质结构，为快速的药物设计和研发提供了大量可参考的数据，使得 AI 制药成为热点。

　　然而，AI 在蛋白结构和药物开发上的应用在现阶段并没那么乐观，主要有下面 3 个原因。第一，由于现阶段大量的能够预测的蛋白质其实都来源于已经被解析的数据库中同源蛋白的结构，如果没有过往经验，没有大量之前的数据，人工智能不可能从头（de-novo）预测出一个蛋白质分子的结构。第二，对于很多未知蛋白的结构，人工智能只能预测出大概样貌，无法准确预测关键位点。打个不恰当的比方，人工智能只能给你一个房子的外观，然而，房子住得舒不舒服，还要看房子里面各种细节的安排，人工智能给不了你细节上的答案。第三，目前的人工智能还无法准确把蛋白 – 蛋白相互作用、蛋白 – 小分子相互作用以及蛋白的多个结构域之间的相互作用预测清楚。那这些细微的区别重要吗？非常重要。很多时候，一个氨基酸的不同就会导致构象的很大差别，从而导致结合能力的巨大差异，进而导致药物设计的天壤之别。

　　所以，一方面，我们要用崇高的敬意去感激在新药研发路上付出努力的科研人员；另一方面，社会在发展过程中亟须各种交叉学科的创新人才，生物学的发展也需要物理学、化学、计算机科学技术的突破。我们的药物研发要从"me too"（跟随）、"me better"（改良）完成向"first in class"（创新）的转变。

中国古代科技——故宫中的榫卯结构

故宫，作为中国的文化艺术瑰宝，也是世界上规模最大、保存最完好的古代皇宫建筑群。自建成至今，故宫历经 600 多年的风雨，经历过 200 多次大大小小的地震，榫卯结构就是故宫多年来屹立不倒的重要原因之一。

榫卯之间，一扣千年。其中，凸出为榫（榫头），凹进为卯（榫眼、榫槽），凹凸相合，便是一个完整的榫卯结构。故宫的搭建方式与现在钢筋混凝土的房屋不同，故宫的搭建几乎没有使用一颗钉子，多采用榫卯的方式连接各个木质构件。

榫卯结构体现了中国古代劳动人民的智慧，它其实模拟了人体骨骼之间的连结方式。骨连结的间接连结方式能增加我们活动时的灵活性，如果只是单纯地将我们的骨头直接连结在一起会导致骨头容易折断。榫卯结构也是同样的道理，它使得本来硬邦邦的房屋框架，具有了柔和的特点，在遭遇地震时，可以随之变形，抵消地震的能量，起到减震的效果。这也是结构决定功能的具体体现。我们现在爱玩的乐高积木，也是利用了这个原理。

乐高积木

榫卯结构

社会学中的结构功能观

结构功能观在社会学中的一个体现是结构的功效。18 世纪末到 19 世纪初，社会学家斯宾塞和杜尔凯姆等人受到当时流行的生物学知识影响，用生物学和进化论来类比社会、解释社会。他们把人类社会与生物有机体进行类比，认为两者都具有结构，动物由细胞、组织和器官构成，而社会由群体、阶级和社会设置构成。同时，与构成生物有机体的各个部分相互协作相似，社会系统中的各个部分也需要协调地发挥作用以维持社会的良性运行。之后，美国著名的社会学家帕森斯将结构功能主义发展成一个全面而系统的理论，他认为一个社会只有满足了 4 个基本需求（目标的获得、对环境的适应、将社会不同部分整合为一个整体，以及对越轨行为的控制），才能发挥其功能，也就是说，要将社会看成一个整体，有了稳定的社会结构才能维持其秩序和功能的正常运转。帕森斯的这一理论在第二次世界大战后直至 20 世纪 60 年代都占据主导地位。

社会学中的结构功能主义思潮后来延伸到人类学、人口学、传播学、管理学、组织行为学等学科中。比如，近些年来我们一直关注人口问题。通过人口普查，一方面，我们关注人口的总数，关注人口数目是否增长；另外一方面，我们也非常关注人口的结构，特别是年龄结构。因为人口结构不仅对未来人口发展的类型、速度和趋势等有重大的影响，而且对今后的社会经济发展也将产生一定的作用（功能）。如果一个国家的新生人口显著多于老年人口，属于增长型（扩张型）的人口结构，那么未来社会的劳动力就会更多，社会经济发展就会更有活力。相反，如果一个国家的新生人口很少，而老年人不断增多，那么未来社会就是一个老年型的社会。根据 2021 年 5 月 11

日第七次全国人口普查的结果，中国人口共 14.4 亿人，其中 0~14 岁人口占 17.95%，15~59 岁人口占 63.35%，60 岁及以上人口占 18.70%（65 岁及以上人口占 13.50%）。可见，我国已经逐渐进入老龄化社会，需要做好积极的应对。

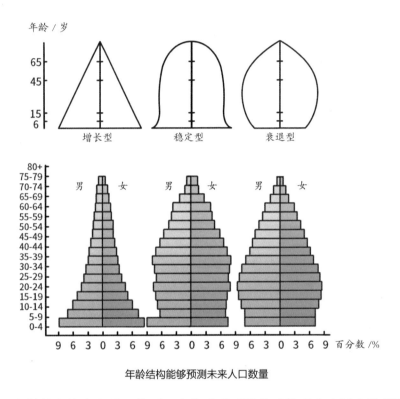

年龄结构能够预测未来人口数量

上文说的也许太宏观，你不一定能感受到结构功能观在生活中的重要意义。我举个自己的例子，给大家分享一下，作为班主任，我是如何运用生物学中的"结构功能观"来管理班级的：设定一名班长，负责管理班级日常事务，比如打扫卫生、管理纪律和宣传等工作，并且安排卫生委员、纪律委员、宣传委员、生活委员帮助班长一起管理；设定一名学习管理副班长，协调各科课代表的工作，比如如何与各科老师沟通、作业什么时候收发等；设定一名团支书，负责班里的团委相关工作的对接。这样，安排好组织架构后，班里每件事情就有人负责和管理，班级就运转得非常好，实现了班级自治，为班级同学提供了良好的学习环境。所以，"能用结构解决的就不用管理"，一定要建构起正确且合理的班级组织架构，这样班级才能平稳有效地运转，班级才能发挥它自身应有的功能。

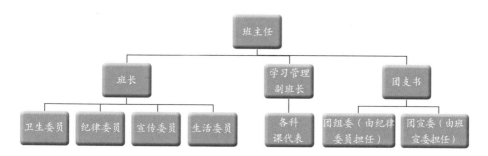

班级管理中结构与功能观的体现

第 2 章

物质能量观：
生命以负熵为生

物质分解，释放能量；物质合成，吸收能量

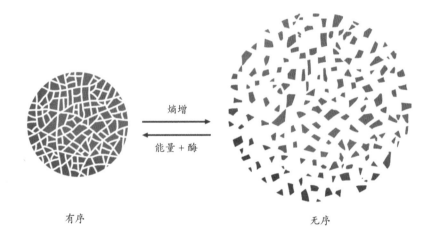

有序   熵增 →   无序

← 能量 + 酶

生命以负熵为生

本节最开始，我想先让同学们思考下面几个问题。这几个问题都与"物质能量观"有密切的关系。

（1）我们平时在拼搭乐高玩具的时候，可以用一块块玩具搭成一个个房子、花园……我们知道氨基酸、核苷酸等物质是组成人体的基本单位，如果我们把氨基酸、核苷酸想象成一块块的乐高玩具，那是不是将这些东西拼搭在一起就能形成一个完整的生命体呢？

（2）我们把一滴墨水滴到一杯清水里，起初，墨水里面的碳颗粒集中在水的局部，这是相对比较有序的，但随着墨水的扩散，碳颗粒就会跑得到处都是，逐渐变得无序起来。那游泳的时候，我们为什么没有像墨水滴到水里那样，各种原子、离子、分子扩散得到处都是呢？

（3）假设某一天，你像鲁滨逊一样，不小心一个人漂流到了一个岛上，你身边仅仅带着 15kg 玉米和一只 2kg 的母鸡，你用什么策略能生存更长时间以赢得救援？你会选择先吃鸡还是先吃玉米？

（4）在远古时代，为什么能吃胖居然是一种很厉害的本领？现在的我们应该怎么吃饭才是对的？民以食为天，农业的发展又是如何推动能源革命的？

沃康松的鸭子

沃康松的鸭子是历史上一只非常著名的鸭子。苏格兰著名科学家大卫·布儒斯特说："这大概是有史以来人类创造的最奇特的机械生物。"德国诗人沃尔夫冈·歌德却说："它就是一只没有羽毛的鸭子，虽然像骷髅一样，但它能吞咽东西。"大作家伏尔泰说："没有沃康松的鸭子，人们将如何忆起法兰西的荣耀。"这只"机械鸭子"一经公开展出，便成了当时的明星。

大家一定很好奇这是一只什么样的鸭子。它是由法国发明家雅克·沃康松设计制造的一个复杂的仿生机械装置。在当时，这只仿生鸭轰动一时，它可以像真的鸭子一样吃东西、扇翅膀、排粪便等。人们给它喂下玉米，它能自己吞下去，消化一阵子后，粪便就会从尾端排出来，像极了真实的鸭子。当时的人们因此认为"生命是可以被人为地创造出来的"，就连伏尔泰都惊喜地称沃康松是"普罗米修斯的对手"。

沃康松的仿生机械鸭

春江水暖鸭先知

大家觉得这只鸭子是一只活的生物吗？它能在春江水暖时感受到春天的到来吗？我们来揭示一下这只鸭子能"吃东西"和能"排粪便"的秘密吧。事实上，它无法主动从外界获取食物（能量），自身更无法进行新陈代谢。它仅仅是通过发条张开嘴，那些食物被吃进去之后，被储藏在鸭子喉咙后部的小槽里。过一段时间，这只鸭子身上装着的"人造粪便"的隐藏容器会开启，把预先装好的排泄物从屁股里排泄出来。正常的鸭子是不需要在体内预存排泄物的，随着能量的摄入，食物被转化成了排泄物，再排出体外，动物体内的这些过程都是自动完成的。这只沃康松的鸭子只是一只仿生机械鸭，和现在小朋友们的玩具其实差不多，甚至还不如现在一些带人工智能的能说话的小动物玩具。

沃康松的鸭子只是人们对于生命体美好的设想，是在机械论世界观塑造下的认知，认为用这些复杂的机械原件就可以解释生命。这只鸭子不能被称为生命，最根本的原因是它没有外界能量的摄入，没有能量的代谢过程。这只鸭子是不可能将食物转化成粪便的。只有物质没有能量是不能被称为生物的，生物是物质与能量的统一体。

万物生长靠太阳

让我们把时间线拉到 40 亿年前。那个时候，地球还不像我们现在生存的地球这样，空气中没有氧气，满是二氧化碳、甲烷等气体，在地球上生存的都是厌氧生物。那么氧气又是怎么出现的呢？大家可能会想到植物的光合作用。虽然光合作用是今天地球上最高效的生物制氧机，但是最早的氧气可不是植物制造的。

大约 25 亿年之前，地球的海底出现了蓝藻，它是第一批可以进行光合作用的单细胞生物，它们吸收空气中的二氧化碳，然后再利用光能释放出大量的氧气。于是，地球大气中的含氧量在距今约 24 亿年前突然飙升，这就是著名的"大氧化事件"。地球上迎来了第一场生物大变革，厌氧生物纷纷消失，需氧生物占据了主导地位。

氧气的存在引发了动植物的高级化和大型化，同时，进入高空的氧气分子受到来自太阳的紫外线辐射之后，一部分变成游离的氧原子，氧原子与氧气分子结合成为臭氧分子，从而形成了臭氧层，这为生命撑起保护伞，为地球生命的演化创造了重要条件。氧气对我们具有重要的作用，如果没有氧气，生命或许只能停留在细菌等级，而我们可能只是茫茫细菌世界里某种有感知的生物而已。

至此，陆地上的植物开始出现，逐渐枝繁叶茂，形成高大的乔木、低矮的灌木、铺满原野的草丛……它们有一个共同特点，可以利用太阳光的能量，把二氧化碳这种无机物转变成植物体内储藏的有机物。然后植食性动物吃树叶、吃草、吃果实，肉食性动物吃植食性动物，细菌等微生物靠分解动植物的残体遗骸和粪便为生。所以，无论是植物、动物，还是微生物，最终的能量来源都是太阳，万物生长靠太阳。不过，从植物到植食性动物再到肉食性动物，能量传递过程中的每一层都有大量的损耗，从上一营养级到下一营养级，通常只有 10%~20% 的传递效率，这样就造成了大量的能量浪费。

如果有一天，我们人类可以用自己的身体进行光合作用制造有机物，能用头发吸收阳光，那么是不是就不需要种植粮食和吃饭了？我们是不是每天出去一见到太阳就能够开始吸收能量了？

这个想法在原来是无法实现的，但是，《自然》杂志 2022 年刊登了一篇论文，论文中提到：动物细胞也能够利用光能。这一研究是浙江大学某团队做的，他们将植物光合系统植入衰老病变的动物细胞内，在光照下，使得后者的受损细胞产生能量，让受损细胞恢复活力。

可以进行光合作用的绿色皮肤

可以进行光合作用的人能实现吗？

在绿色植物体内，到底有什么神奇组件帮助它们完成光合作用呢？这个组件叫作叶绿体，它不存在于人体内，广泛地存在于绿色植物中。人和动物可以靠吃东西为生，可是植物不能走、不能动、不能捕食，叶绿体就是植物"吃饭"的重要"器官"。叶绿体里面有很多的光合膜，这些膜上有光合色素。有的光合色素就像收音机一样，能通过"天线"去吸收太阳光。因为叶绿体吸收的是红光、蓝紫光，反射的是绿光，所以叶片看起来是绿色的。除了吸收太阳光的色素，还有"搬运工"色素，这些色素能把吸收来的光能传递给其他的色素小分子，而其他的色素小分子能把光能分解，形成电能，传递下去形成储存在 ATP、NADPH（还原型辅酶Ⅱ）里面的活跃的化学能。当二氧化碳进入叶片的时候，就能利用这些活跃的化学能合成糖类等有机物，比如合成葡萄糖再进一步形成淀粉、合成氨基酸再进一步形成蛋白质等。所以，如果把叶绿体比喻为"绿色工厂"，那么它的"合成机器"就是光合色素，"动力来源"是光能，"原料"是二氧化碳和水，"产品"是有机物和氧气。这体现了物质和能量相互转换的过程。

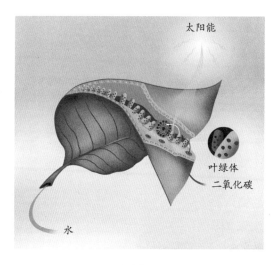

光合作用

　　讲完叶绿体，回到上文提及的浙江大学某团队的研究。他们是怎么做的呢？首先，他们从菠菜中提取了叶绿体中的类囊体。其次，把类囊体放进动物体内。但是，这里有个问题，针对外来者，动物的身体会自动触发排斥反应，把类囊体清除出去。怎么办？他们给类囊体换了一身"衣服"，让它伪装成动物细胞的样子，这样排异系统就认不出它了。具体做法就是：用动物的软骨细胞，把类囊体包裹起来，这样进入动物体内，排异系统就会把它当成自己人。最后，这些类囊体开始在动物体内发挥作用，吸收阳光能量，并且用这些能量来修复受损细胞。目前在小鼠上的实验已经表明，这个技术在关节疾病之类的退行性疾病的治疗上有促进作用。

　　这个研究太震撼了！我们可以想象一下未来人类出门晒太阳就能进行光合作用的情景，没有人会挨饿，大家不用为了吃饭而发愁。如果人可以进行光合作用，那将大大拓展人类的生存空间，也许未来的人类就可以移民外太空了呢！在科幻电影里，人类开展太空旅行，要把地球上所有的动物样本、胚胎和植物种子全都带上。通常的解释是：为了保持多样性。但其实，还有一个我认为很重要的原因：就像植物能进行光合作用一样，地球上的每个物种，本质上都是生态系统进化出的一套特定环境里的生存解决方案。而人类把这些生物都带走，就是把地球上所有关于生存的解决方案一次性打包带走，比如，有的生物针对的是极寒的低温，有的生物针对的是炙热的火山。将来到外星上定居时，如果遇到极端环境，就可以从其他生物那里获取解决方案，就像人可以向植物学习光合作用一样。

能量如何转换

植物的能量来源于光合作用，植物利用光能合成自己的能量；而动物的能量来源于"吃饭"，动物通过吃植物或者其他动物间接获得能量。人们吃的馒头、米饭是怎么变成运动、学习的能量的？现在，我们到人体中去看一下食物是如何转化成能量的。

我们咬了一口馒头、吃了一勺米饭，口腔中的唾液淀粉酶就将馒头中的淀粉水解形成麦芽糖。麦芽糖通过食管进入胃液，随后进入小肠，在麦芽糖酶的作用下分解形成葡萄糖。葡萄糖是一种单糖，是人体最重要的能源物质。葡萄糖钻进小肠绒毛上皮细胞中，一部分被小肠绒毛上皮细胞利用，一部分进入血管中，随着血液流向全身。随着摄入食物逐渐增多，血液中的葡萄糖浓度不断增加，促使胰岛 β 细胞分泌胰岛素。胰岛素便将大量的葡萄糖从血液中转运至身体各个地方的组织细胞中。进入细胞中的葡萄糖在氧气的参与下，在线粒体中进一步形成了二氧化碳和水，同时释放出大量的能量。这些能量 70% 左右转化为热能维持体温，剩下的 30% 合成 ATP，进一步转化为动能、光能、电能等，供我们生命活动使用。如果把人体比喻成一台机器，机械效率大概是 30%，这可比现在生活中所有的机器（例如汽车发动机等）的效率都高！人体能保持体温恒定，其实在很大程度上要归功于葡萄糖氧化分解释放的热能。

从上面的描述中，大家可以看到，我们获取能量的方式可以参照下面的流程。

物质分解 ⟶ 合成 ATP ⟶ 释放能量

细胞中合成 ATP 的主要场所是线粒体。如果把细胞比喻成一个大城市，那线粒体就是能量制造工厂，为这个城市的各种活动源源不断地输送能量。细胞主要靠葡萄糖提供能量，但是葡萄糖不能直接进入线粒体，而是需要在细胞内变成丙酮酸才能够进入线粒体。丙酮酸进入线粒体后，会发生两个变化过程：一个过程是丙酮酸被分解形成二氧化碳，在这个过程中完成一个循环，产生很多中间产物，这些中间产物是为其他的生化反应准备的。另一个过程是把氢离子泵到了膜间腔。线粒体由内膜和外膜两层膜组成，内外膜之间的空隙就叫作膜间腔。

为什么要把氢离子泵到膜间腔呢？我们可以把线粒体内膜想象成一个大坝，氢离子在膜间腔中蓄积，会产生电－化学势能（由于带电，所以有电势能；由于是化学物质，有浓度差，所以有化学势能），这就相当于大坝拦截了洪水，让线粒体内膜内外侧储存了大量的势能，内外电势差在 150mV 左右。虽然这个能量只有毫伏级别，但是储存在只有 5nm 的薄薄的一层内膜两侧，这样的电场强度极大，相当于闪电的强度！为什么要在内膜两侧储存这么高的膜电位呢？答案是：为了制造大量的 ATP。在内膜上，有一个很重要的蛋白叫作 ATP 合酶，它相当于大坝上的泄洪水库，当能量集聚到一定量的时候，水库就会开闸泄洪，大量的氢离子就从膜间腔涌入膜内，通过 ATP 合酶的作用，细胞内就产生了大量的 ATP，产生的 ATP 可以供给我们的生命活动使用，例如物质合成、肌肉收缩。这样，在线粒体内就完成了从葡萄糖到能量的转化，我们把这一过程叫作细胞呼吸，细胞吸入了氧气才能完成这一过程。不过这与我们通常意义上理解的呼吸不同，细胞呼吸是微观的生化反应，人类呼吸的动作是宏观的胸廓运动，它们是不一样的。

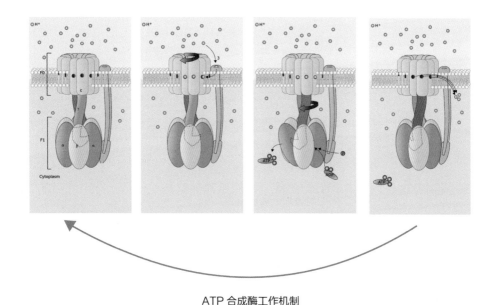

ATP 合成酶工作机制

能量：进化背后的推手

每次讲到这里，我的学生们总是会有很多疑惑。本来能量就是看不见、摸不着、很难理解的东西，而产生能量的方式居然这么"诡异"，因此学生会给我提出包括下述 3 个问题在内的一堆问题。

（1）植物之类的自养型生物为什么一定要先形成物质，再把物质分解成能量？为什么不能直接把光能转化成动能，而要把光能转化成化学能再转化成动能呢？

（2）尽管 ATP 比较容易水解也比较容易合成，是一个不错的能量载体，可是为什么一定要有 ATP 从中间"横插一刀"？为什么物质分解后的能量要储存在 ATP 而不是别的什么物质里？为什么所有的生物，无论植物、动物还是微生物都同时使用 ATP 作为能量载体？

（3）把氢离子泵到膜间腔后再产生能量这一方式很奇怪，为什么要花费这么大的周折先蓄洪再开闸放水？直接利用能量合成 ATP 不可以吗？为什么一定要把氢离子也囊括进来？

要回答这些问题，我们需要看一下原始的细胞是如何进行有氧呼吸的。这得从几十亿年前说起：那时候，空气中出现了氧气，虽然氧气对我们至关重要，但对地球早期生物来说却是致命打击，许多生物因为不适应而灭亡了。不过有些细菌适应能力很强，它们把氧气和葡萄糖作为原料，制造出一种化学物质，这种化学物质是能让器官正常运作的能量载体——ATP。之后，又经过了漫长的时间，这种能适应氧气环境的细菌被某种细胞"吞"进了体内，细菌为这种细胞提供能量，细胞为细菌提供葡萄糖等物质，细菌和细胞实现了共生。这就是线粒体的内共生学说，这些"细菌"就是今天细胞里的线粒体。

在没有氧气之前，生物是如何获取能量的呢？我们可以往前追溯到一个叫作 LUCA 的生物。LUCA 的英文全称是 The Last Universal Common Ancestor，意为所有生物物种的共同祖先（最后普遍共同祖先），是人类假想的一种原始单细胞生物。科学家预测 LUCA 生活在有热源的海底，这些热泉喷出来的水来自海洋地壳，像是冒烟的烟囱，温度可以达到 300℃，富含化学物质，滋养出了 LUCA 这样的生物。

而这之后，当 LUCA 利用海底能量制造并储存有机物后，带着储存的能量离开海底，慢慢到达陆地，慢慢才有光合作用。生物为什么非得要先形成物质，再把物质分解成能量？因为从 LUCA 开始，就已经采用这种模式了，虽然看起来有点麻烦，但是它能够帮助生命取得生存上的优势。在长久的进化之路中，这种能量利用方式也沿用至今。

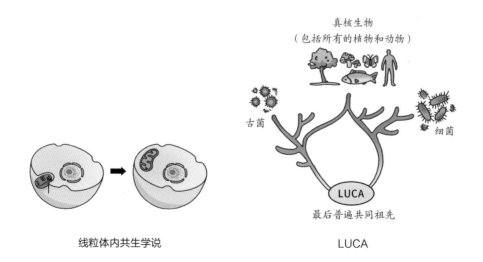

线粒体内共生学说

LUCA

总结一下，回顾地球生命30多亿年的历史，进化背后的推手其实就是"能量"。

能量推动进化的第一个标志性事件是光合作用的出现。光合作用让太阳成为生命取之不尽的能量源泉，极大提升了整个生命系统的能量水平，使最开始只能在海底生存的生物摆脱了过去狭窄的分布范围和苛刻的环境局限，生物的生存空间得以大大扩展。之后，通过光合作用，生物开始产生大量氧气，使地球的环境发生了很大的变化，这又为生命的进一步演化打下了基础。

能量推动进化的第二个标志性事件是真核细胞的出现。上文提到过，一个进行有氧呼吸的细菌，偶然与一个细胞形成了内共生关系。细菌逐渐演化成专门为真核细胞提供能量的细胞器线粒体，它们就像一个个发电机，让细胞的能量水平远超以往，因此，细胞能够进化出更复杂的结构，比如，成形的细胞核、各式各样的细胞器。自此，真核细胞登上了历史舞台，寒武纪的物种大爆发就是在此基础上出现的。

能量推动进化的第三个标志性事件是植物登上了陆地。海洋中有不少生物都能进行光合作用，但绝大多数都是微生物，它们的体积微小、生命周期短、光合作用微弱，所以，海洋生物通过光合作用产生的总能量是有限的。而当生物的生存范围扩展到陆地后，由于植物体积更大，能充分利用每一缕阳光，总生产量大大扩展。据估计，海洋生物量的总干重（去除水分后的总重量）是50亿吨 ~ 100亿吨，而陆地生物量的总干重则达到了惊人的约5600亿吨，远远高于海洋，这让生态系统的总能量水平再次大幅提升。

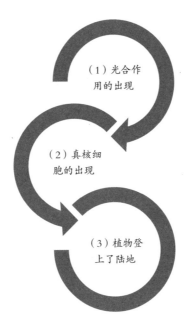

（1）光合作
用的出现

（2）真核细
胞的出现

（3）植物登
上了陆地

能量推动进化的 3 个标志性事件

可见，能量才是进化背后的推手。

生命以负熵为生

讲到现在，可以回答本章提出来的前两个问题了。这两个问题看起来彼此毫不相干，但答案都是一样的——秩序靠能量建立。生命虽然是物质的，但是只有物质的堆砌不可能形成生命，活着的动物和死了的动物在物质上并没有什么区别，但是生和死之间却是有很大差别的。举个例子，手机由很多种电子元件组成，如果只是把这些电子元件简单地堆在一起，这些堆在一起的电子元件不能用来打电话、发微信。手机之所以功能丰富、用途多样，是因为人们按照一定的秩序对各种元件进行排列组合并按时给手机充电。秩序的价值就在这里，而能量赋予了生命体这样的秩序。

薛定谔在《生命是什么》中有一个经典论断："生命以负熵为生。"熵的本质就是混乱度，大到宇宙，小到生命，总体混乱度在不断增加，就像墨水滴到清水里，会不断扩散，最终达到平衡后和水分子混合在一起。但是生命为了维持秩序，一定要对抗混乱度的增加，才能让自己保存完好并不断繁衍生息。那生命是如何对抗混乱度增加的趋势呢？靠能量。植物进行光合作用、动物吃东西等过程就是"获得负熵"的过程。通过吸收外界的能量，大自然中的所有个体和细胞都井然有序。

然而，能量在被利用之后，也就不存在了，如果需要新的能量，需要再重新吸收。如果消耗的能量能回收，那么时间便可以倒流，一切都可以重新来过，但我们知道这是不可能的。ATP 可以水解形成 ADP，释放能量；ADP 可以重新合成 ATP，但是需要用呼吸作用提供的能量。所以，在 ATP 和 ADP 的相互转化中，物质可逆，而能量不可逆。兔子吃草，狐狸吃兔子，老虎吃狐狸，这条食物链永远不可以逆转。虽然物质可以循环，但是能量沿着食物链在逐级递减，能量耗散了就再也回不来，谁都没有本事让食物链倒过来。

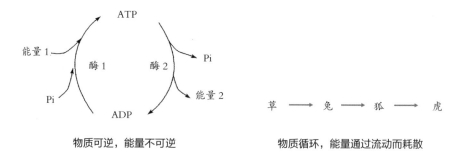

物质可逆，能量不可逆　　　　　　　物质循环，能量通过流动而耗散

所有的生命过程都需要靠能量来驱动，如果没有能量，生命系统不可能维持其有序性。生命体总是尽可能地排斥着无序，不断地摄入能量，保证有

序性。生命以物质的形式存在，是能量的载体；生命的存在和发展又需要能量完成驱动。物质分解，释放能量；物质合成，吸收能量——这就是我们所说的物质能量观。

活着，就是要对抗热力学第二定律，抵抗熵增，保持有序。

物质能量观的应用

先吃鸡还是先吃玉米？

不知道大家是否看过电影《孤岛生存》或者小说《鲁滨逊漂流记》。假设某一天，你像鲁滨逊一样，不小心一个人漂流到了一个岛上。你身边仅仅带着 15kg 玉米和一只 2kg 的母鸡，你用什么策略能生存更长时间以赢得救援？

策略 A——先吃鸡，然后吃玉米。策略 B——先吃玉米，同时用一部分玉米喂鸡，再吃鸡。到底哪种策略更好呢？在这里，我们可以解析一下这个问题的食物链。

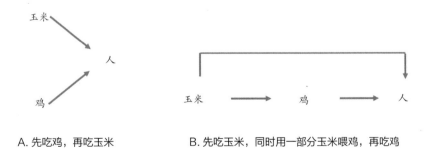

A. 先吃鸡，再吃玉米　　　　　　　B. 先吃玉米，同时用一部分玉米喂鸡，再吃鸡

我们不妨从能量流动的角度去思考这个问题：在 A 策略中，玉米的能量直接流向人；而在 B 策略中，玉米的能量一部分流向人，另一部分先流向鸡再流向人。那么，玉米和鸡的能量究竟怎样流动才能使人获得最多的能量？答案当然是 A。按照能量传递效率为 10% ~ 20% 来计算，若人吃玉米，则得到玉米能量的 10% ~ 20%；若人吃了吃玉米的鸡，则得到的只是玉米能量的 1% ~ 4%。而此时人为了延长生存时间需要更多的能量，因此就要减少能量的浪费，若选择 B 策略，鸡会浪费掉玉米的能量，导致人可以利用的能量减少。即便考虑到鸡吃了玉米会下蛋这种情况，也不会减少能量在鸡这一层的消耗，只要玉米的能量流经鸡再到达人类，必定会在鸡的这一层级有能量的损失。

如何合理膳食？

上面的例子就体现了能量流动的原理。根据这个原理，我们可以优化自己的饮食结构，以谷类和植物蛋白为主，尽量少吃肉、多吃素，这样可以减少能量的浪费。那这里说的"少吃肉、多吃素"有没有标准呢？《中国居民平衡膳食宝塔》就给了我们这个标准。

下页图中给出的食谱结构接近大自然食物链的比例，最底层是植物，各种主食、蔬菜、水果；往上是较稀有的豆子、鸡蛋、牛奶；塔尖是更为稀有的肉类、植物油。其中，每一种食物都是人们需要的。而且，人体摄入每一种食物的多少由它在金字塔内的分布量决定。好好吃饭，膳食均衡，才能保证身体的健康！

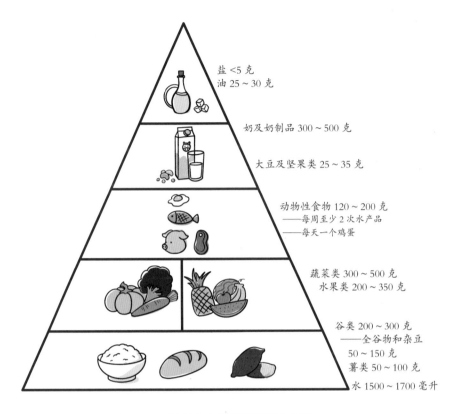

盐 <5 克
油 25 ~ 30 克

奶及奶制品 300 ~ 500 克

大豆及坚果类 25 ~ 35 克

动物性食物 120 ~ 200 克
——每周至少 2 次水产品
——每天一个鸡蛋

蔬菜类 300 ~ 500 克
水果类 200 ~ 350 克

谷类 200 ~ 300 克
——全谷物和杂豆
50 ~ 150 克
薯类 50 ~ 100 克
水 1500 ~ 1700 毫升

2016 年中国居民平衡膳食宝塔

"胖"曾经是我们得意的本领

但是，如此健康的吃饭方式其实与我们身体的欲望是相违背的。在远古时代，我们的祖先饥一顿、饱一顿，为了能在找不到食物的时候不被饿死，祖先们会选择在有食物的时候大吃特吃，这样可以把脂肪储存在身体里。脂肪分子是一种高浓缩的能量储存库，1 克的脂肪可以储存 9000 卡路里的能量。当人类面对丰富的食物供应时，人类会将这些食物转化为脂肪存储起来，等到饥饿时再从脂肪中调取出来。所以，在远古时代，"胖"是一种让人得意的本领，那些无法储存脂肪的人在严酷、恶劣的环境中难以生存。

怎么保证脂肪能被储存起来呢？人体需要在开源和节流两个方面下功夫。开源，就是要多吃高热量的食物。甜的食物，比如蜂蜜、糖里面含有大量的热量，人在吃了之后能够高效地将它们转化为脂肪。在远古时代，这样的食物非常缺乏，因此收集到甜的食物会让人类异常兴奋，这也是直到现在，我们都没有办法拒绝甜点的原因。

节流，也就是减少热量消耗，远古时代的人类有自己的办法。原始人类为了获得食物是不是每天都忙忙碌碌的印象恰恰相反，原始人类为了保证能量的平衡，每天的活动时间大约是6个小时，除此之外几乎都处于休息状态，并且会减少不必要的活动。这就是我们在减肥时会那么痛苦的原因，因为从进化的角度来讲，人类就是不爱运动的。进化的设定让管住嘴、迈开腿成为一种奢求，人类既无法拒绝甜食的诱惑，又不想运动，因为保存能量才是生存之本。

大约在1万年前，由于农耕技术的发展，人类饮食又发生了一次重要变化。这个时候，人们可以不必为了吃而狩猎，通过种植作物、饲养牲畜就可以获得稳定的食物来源。这次转变不仅让人类节约了很多能量，也彻底改变了人们的生活方式。人们吃得更好、消耗更少，变胖也就成了必然的结果。

工业革命以后，食物越来越丰富，人的饮食结构又一次发生巨变。过去，人们主要吃天然的蔬菜、水果，但是现在，人们大量摄入果汁、罐头或其他加工食品；人们过去主要吃野生的动物、养殖的动物，现在人们把肉类、鱼类变成了精加工的食品。加工食物虽然食用起来方便了，更美味了，但营养价值比天然食物要低，每100克含有的热量都特别高。这些随时可以吃到的高热量食物，使人类患上肥胖症和糖尿病的概率也增加了。

在这种巨变中，我们的身体已经跟不上食物和生活方式的迅速变化了。当食物不再稀缺时，多余的脂肪就变成了负担，人类储存脂肪的能力也就不再是什么优势了。因此，我们需要养成健康的生活习惯。如果能够每天进行30 分钟中等强度的有氧运动，我们就可以甩掉身上多余的脂肪！

能源革命和碳中和

说到吃饭，还要说说人类获得粮食的主要方式——农耕。自从人类掌握了农业技术后就逐渐摆脱了奔波的命运，不再依靠捕猎和采集获取食物，而是靠耕地与种植。人类迈进了文明时代，说到底其实是因为人类通过农业掌握了更高层次的能量利用能力。从最早的木柴到煤炭、石油、电力，再到核裂变和光伏太阳能，科技水平不断进步的背后是能量来源的不断迭代，而每一次能源的迭代又让人类掌握的能量总水平得到大幅跃升。从男耕女织的小农社会，发展到大工业生产的社会化劳作，再到今天全球化的劳动分工，人类社会的科技水平一直在快速发展，3000 多年前人类学会了炼铁，200 多年前开启了工业革命，100 多年前开始乘坐飞机飞行，50 多年前登上月球，21世纪以来，互联网又重塑了整个世界。

不过，这样的发展可持续吗？全球每天都会消耗近亿桶石油，每年都会烧掉几十亿吨煤。我们家里用到的电灯、手机、笔记本电脑，出门坐的汽车、飞机，都要依靠能源，而提供能源的主要方法就是燃烧化石燃料。但是，不管是石油还是煤炭，它们都是远古时期动植物遗骸经过千万年演化形成的，不可再生，用完就没了。而且，人类燃烧化石燃料会向大气中排放大量的二氧化碳，这会带来温室效应。根据联合国政府间气候变化专门委员会的估算，和工业革命前相比，目前全球气温已经上升了 1 摄氏度左右。如果以目前的速度测算，每过 10 年，全球气温就会升高 0.2 摄氏度。这带来的后果非常可怕，会使得地球上的病虫害增加、海平面上升、土地沙漠化、臭氧层破坏、热带雨林消失、新的冰期来临……

碳中和是指人类通过植树造林、节能减排等形式，抵消自身产生的二氧化碳排放量，实现二氧化碳"零排放"。可以说，这是人类为了实现自救的一场轰轰烈烈的自律行为。那如何实现碳中和呢？

这是一个很大的话题，也是一个很复杂的话题。现在还没有哪一个专家学者能把碳中和可行的实现路径、技术手段、如何解决障碍等全都讲清楚。但是，至少我们可以从现阶段已有的认知出发，从"开源""节流"两个方面开始考虑。一方面，我们要发展科技，让风能、水能、核能这些清洁能源替代煤炭、石油等传统能源。另一方面，我们也要节约能源，不要随意浪费能源。比如，我们可以绿色出行，能选择走路、骑自行车的时候就不要开车；平时注意随手关灯，能用自然光尽量少开灯；节约用纸，实现能源的可再生利用等。

第 3 章

稳态平衡观：
稳态是生命的法则

不多不少，不快不慢，一切都是刚刚好

稳态是生命的法则

世界上有一种很小的细菌叫作大肠杆菌，这种细菌通过分裂增殖，平均20分钟分裂一次。你可能很难想象，如果真的放任一个大肠杆菌自由地分裂增殖，不考虑死亡的话，只需要两天时间，它的后代总重量就会超过地球。那为什么我们没有生活在一个充满大肠杆菌的星球上呢？

一般人的正常心率为60~100次/分，正常收缩压90~140mmHg，正常舒张压60~90mmHg（1mmHg=0.133kPa），正常体温是36.5℃左右，正常血液中的pH值为7.35~7.45，为什么我们人体内这些参数的值都是在一定范围内、不能太高也不能太低呢？

20世纪60年代，美国上映了一部很著名的电影，名字叫作《神奇旅程》，里面生动地描述了发生在人体内的一段神奇的旅程：一支微缩医生小队进入人体进行艰巨的修复任务，他们乘着微缩的潜艇，在波涛汹涌的血浆中翻滚，躲过锁链状抗体的死亡陷阱，穿过油腻的血脑屏障，去修复大脑深处区域的功能。其实，人体除了完成基本的代谢活动、增殖活动等外，还有一个最重要的活动，就是要维持生命个体的稳态。

稳态是生命系统维持自身相对稳定状态的特性和能力，它使生命系统的组分拥有一个相对稳定且适宜生存的环境，无论宏观还是微观，具有稳态的生命系统才是健康的、有活力的。如果稳态被破坏，那这个生命系统就会出现各种各样的问题，甚至走向崩溃。稳态是生命系统正常运行的核心，是"生命的法则"。小到每天的吃饭、喝水、运动，大到我们如何进行决策、进行投资、进行人生规划，都离不开稳态，稳态平衡是世界运行的底层逻辑。

天之道，损有余而补不足。世间大道，殊途同归。

叛变的癌细胞 VS 免疫系统

据 2022 年有关部门发布的 2016 年中国癌症统计数据，当年新发的癌症约 406 万例，相当于每分钟有 8 个人被诊断为癌症；癌症占居民全部死因的 23.91%，也就是说，每 5 个人中至少有 1 个人因为癌症而去世。癌症是全世界发病率前三的疾病，对人们的正常生活产生了很大的影响，可谓是"众病之王"。

癌症，从进化根源上说，可以理解为是人体细胞的"叛变"。癌症与流感、肺炎、艾滋病不同，这些疾病是外来的病原体感染人体导致的；癌症与高血压、糖尿病这些慢性病也不同，这些慢性病是和人类现代生活方式的改变有关的疾病。为什么说癌症是细胞的"叛变"呢？简单来说，从单细胞生物开始，每个细胞不停地生长、分裂、繁殖，这是正常的状态；到多细胞生物后，有了细胞分化，出现了生殖细胞和体细胞的分工。这样的好处是：分工提高效能，协作带来繁荣，细胞之间相互配合使得生物能高效地完成任务。

但是，某些体细胞始终不甘心，由于它们永久地失去繁殖后代的"权利"，压抑着自己繁殖的"欲望"，因此，它们一直希望找机会摆脱这种不平等分工。体细胞想要复制自我的本性一直存在，于是，有的细胞就会"叛变"和"造反"，癌细胞就产生了，癌症的产生就是癌细胞疯狂地自我复制和繁殖后代的结果。不过，我们不用过分担心，因为，我们体内有"战士"来"监控"和"镇压"这种"叛变"——这就是我们的免疫系统。你可以放心，体内长出来的癌细胞，绝大部分都会在不知不觉中被消灭掉。

免疫系统如何消灭癌细胞呢？癌细胞与正常细胞不同的地方在于细胞膜上下调或缺失了主要组织相容性复合体分子（MHC），或者只有很多应激分子。疯狂生长的癌细胞带来的骚乱引起了免疫细胞的注意，非特异性免疫细胞如巨噬细胞和自然杀伤细胞等发现了这一现象，自然杀伤细胞马上赶来，开始工作，释放细胞因子，引发更广泛的炎症杀死大量癌细胞，而巨噬细胞则开始清理尸体。同时，自然杀伤细胞释放的信号也让树突细胞意识到了危险的存在，树突细胞也开始启动工作，它们采集死亡癌细胞的样本，激活淋巴结中的辅助性T细胞和杀伤性T细胞。T细胞抑制新生血管的生长，彻底饿死了许多癌细胞。同时，T细胞会扫描肿瘤细胞表面的蛋白质，找到不该出现的异常蛋白质，这样癌细胞就无处躲藏，也无法从血液中获取新鲜的养分，于是肿瘤开始减少。大量癌细胞死亡，癌细胞的尸体会被巨噬细胞清理、吞食。至此，我们的免疫系统便"镇压"了一场"叛乱"。

然而，我们关心的不是99.99%的正常情况，而是那0.01%的异常：免疫系统如果没有作战成功，癌细胞疯狂生长，怎么治疗？大家都知道有手术、放疗、化疗等方法，上文还讲了使用格列卫等药物的精准靶向疗法。近些年来，免疫疗法在癌症治疗方面应用非常普遍，我在这里就给大家讲一下免疫疗法。

在正常的T细胞表面，有一种受体，叫作PD-1。而在癌细胞表面，有一个可以与PD-1结合的特异性配体PD-L1，PD-L1与PD-1结合后，会给T细胞发送一个信号，抑制T细胞对癌细胞的识别和杀伤作用，从而发生免疫逃逸。打个比方，癌细胞会伸出友好的"小手"，对T细胞说："你好，我是你的好朋友。"如果T细胞认敌为友，癌细胞就侥幸存活了下来。而免疫疗法从原理上讲，就是设计特异性抗体，使之能与PD-1或者PD-L1结合，使得癌细胞和T细胞不能"牵手"。用生物学术语讲，就是针对PD-1或PD-L1设计特定的蛋白质抗体，阻断PD-1和PD-L1的识别过程，使得T细胞的功能得到部分恢复，从而使T细胞可以杀死癌细胞。

PD-1 和 PD-L1 的靶向抗体药可以治疗肺癌、黑色素瘤、结直肠癌、霍奇金淋巴瘤等癌症。2015 年，美国前总统吉米·卡特在 90 岁高龄被诊断患上了死亡率非常高、几乎无药可治的恶性黑色素瘤，而且当时癌细胞已经向大脑和肝脏转移，就连他自己都认为生命就剩下几周时间了。然而，在接受 PD-1 的抗体药物治疗之后仅仅半年，卡特大脑里的肿瘤奇迹般地彻底消失了，PD-1 抗体的免疫疗法也从那时起名噪一时。

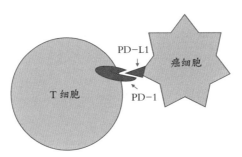

PD-1 和 PD-L1 的结合，抑制了 T 细胞的增殖，
使癌细胞发生免疫逃逸

除此之外，大家可能还听说过一针一百万的抗癌神药，利用的也是免疫疗法：CAR-T 疗法。CAR-T 全称是嵌合抗原受体 T 细胞，大家可能会问：放着好好的 T 细胞不用，为什么要做一个"嵌合抗原"的 T 细胞呢？"嵌合抗原"又是什么意思呢？

我们以白血病为例来讲讲这是怎么回事。正常情况下，B 细胞是一种免疫细胞，当它发生癌变在体内开始无序增殖时，就引发了 B 细胞白血病。癌变的 B 细胞通过两种途径逃脱 T 细胞的监控：一种方式是不将癌变 B 细胞的主要组织相容性复合体分子（MHC）呈递到细胞表面，使得 T 细胞无法识别；另一种方式是通过癌变 B 细胞表面的 PD-L1 去特异性识别并结合 T 细胞的 PD-1 受体，从而抑制 T 细胞的增殖。但是，B 细胞膜上带有一类体内其他所有组织都不表达的特异标识——CD19，这就意味着，虽然正常的 T 细胞不能识别癌变的 B 细胞，但是，当我们针对 B 细胞表面特异性的 CD19 设计特异性的识别机制，那么，癌变的 B 细胞就会被杀死了。

这就是 CAR-T 的作用了，我们可以通过基因工程的方法，将识别 CD19 的嵌合抗原受体安装在正常的 T 细胞上，这样的 T 细胞就能作用在癌细胞上了。嵌合抗原受体包括三部分，抗原结合区、跨膜区、信号转导区。抗原结合区是与 CD19 结合的单克隆抗体，为特异性信号；跨膜区一般由 CD28 超家族的二聚体受体膜蛋白组成，它可以刺激 T 细胞的活化，为协同刺激信号；胞内信号转导区将接收的信号传递到 T 细胞内。

一个典型的 CAR-T 治疗流程持续 3 个星期左右，主要分为以下 5 个步骤。（1）分离：从癌症病人身上分离免疫 T 细胞。（2）修饰：用基因工程技术给 T 细胞加入嵌合抗原受体，即制备 CAR-T 细胞。（3）扩增：体外培养，大量扩增 CAR-T 细胞（一般一个病人需要几十亿个 CAR-T 细胞）。（4）回输：把扩增好的 CAR-T 细胞回输到病人体内。（5）监控：严密监护病人，尤其是控制治疗流程的前几天身体的剧烈反应。

世界上第一例利用 CAR-T 疗法治愈的病人是一个叫作艾米丽的小女孩。2012 年，艾米丽当时 5 岁，身患严重的白血病，各种治疗方法都失败了。眼看着这个小女孩活不了太久了，美国宾夕法尼亚大学的科学家们冒着巨大的风险，尝试了全新的 CAR-T 疗法。没想到，奇迹发生了，给药后的几小时内，她的身体状态迅速恢复，在第二天就醒了过来，检测发现，她体内的癌细胞被彻底消灭。更让人惊喜的是，已经过去 10 多年了，她体内的癌症一直没有复发。在治愈后的每一年，艾米丽都会手拿写着 "cancer free"（摆脱癌症）的小黑板拍照，把她的笑容和 CAR-T 的奇迹分享给全世界的人。

CAR-T 疗法有很好的效果，有很强的个体特异性，能针对特异性的靶点对癌细胞进行针对性的攻击。但是，大家肯定也注意到了，在艾米丽的案例里，科学家对准的 CD19 蛋白质非常特殊，它只在人体的淋巴 B 细胞中才有。然而，在更多的癌症患者体内，癌细胞的表面可能根本找不到一个自己独有的、其他人体细胞没有的蛋白质，所以，CAR-T 疗法并不是治疗癌症万能的方法。同时，由于细胞毒性、耐药性、研究成本过高等问题，我们在使用 CAR-T 疗法的时候还是要谨慎选择、理性思考，多听取专业人士的建议。

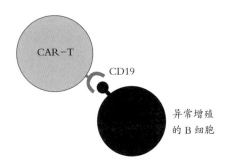

设计针对异常增殖的 B 细胞的 CAR-T 细胞

血糖的平衡调节

糖尿病是一种很常见的疾病，据 2016 年世界卫生组织发布的数据，约 10% 的中国成年人患有糖尿病。糖尿病是一种代谢性疾病，虽然并不会致人死亡，但是长期控制不佳会引发对人体各个器官、系统的损害，比如引起视网膜病变、白内障，形成糖尿病足，伤害肾脏、血管等，甚至可能会引起急性或慢性的并发症。糖尿病到底是怎么一回事呢？我们可以从字面上理解，糖尿病意味着尿里面有糖，那尿里的糖是怎么来的呢？肾脏是我们排尿的重要器官，但由于血液中糖太多了，肾脏在重吸收的时候很难把这些糖再重吸收回去。所以，糖尿病虽然看起来是尿糖，但本质上是血液中糖的浓度太高了。所以，世界卫生组织对于糖尿病的定义就是空腹血糖浓度大于等于 7mmol/L 或者餐后两小时血糖浓度大于等于 11.1mmol/L。**7mmol/L 相当于可乐含糖度的 1/200 左右**，可见这个浓度是非常低的。正常人的空腹血糖浓度和餐后两小时血糖浓度分别是小于 6.1mmol/L、小于 7.8mmol/L。

人的血液里的糖从哪里来？我们在"物质能量观：生命以负熵为生"一章中提到，人们吃的食物会经过消化道的一系列生化反应转变成葡萄糖，从小肠上皮细胞进入血液，然后被血液运输给全身各个地方的细胞使用，为细胞提供能量。不过，如果我们非常饥饿时却没有食物可吃，这个时候该怎么办呢？远古的人类经常遇到这种问题，他们不一定天天能捕捉到猎物，经常饥一顿饱一顿，在挨饿的时候不能没有能量供应，否则人就无法生存。所以，在漫长的进化历史中，生物发展出储存葡萄糖的机制，以应对不时之需。人体会把葡萄糖储存在肝糖原、脂肪中，在短期饥饿后，将肝和肌肉中储存的糖原分解成葡萄糖进入血液，这叫作糖原分解作用；而经历较长时间的饥饿后，氨基酸、甘油等非糖物质在肝内也可以转化形成葡萄糖。

要维持血糖的平衡，就要使血糖的来源和去路基本相等才行。上文提到血糖的来源有 3 种，其实血糖的去路也大致有 3 种。第 1 种是氧化分解，葡萄糖在组织细胞中通过有氧氧化和无氧酵解产生 ATP，为细胞代谢提供能量，这是血糖的主要去路。第 2 种是合成糖原，进食后，肝和肌肉等组织将葡萄糖合成糖原以储存。第 3 种是转化成非糖物质，转化为甘油、脂肪酸以合成脂肪，转换为氨基酸以合成蛋白质。人体就是通过对血糖的来源与去路进行调节来实现血糖平衡：如果血糖过高，那么就抑制来源、增加去路；如果血糖过低，那么就增加来源、抑制去路。

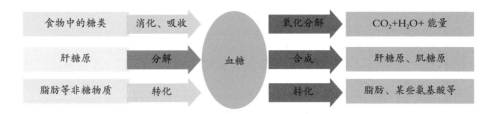

血糖平衡调节：来源 = 去路

当人体内的血糖浓度升高时，高浓度的血糖就会刺激胰岛释放胰岛素。至今为止的研究表明，胰岛素是人体内唯一可以降低血糖的激素，它由胰岛 β 细胞分泌。胰岛素一方面能增加去路，促进血糖合成糖原，加速血糖的氧化分解，促进血糖转变成脂肪等非糖物质；另一方面又能抑制来源，抑制肝糖原的分解，抑制非糖物质转化为葡萄糖。机体通过"增加去路""抑制来源"两个方面的作用，使血糖含量降低。胰岛素作为一种激素，必须和细胞膜上的胰岛素受体结合才能发挥作用。胰岛素受体主要分布在肝脏、肌肉、脂肪等组织的细胞上，它对胰岛素特别敏感，而且识别的特异性非常强。

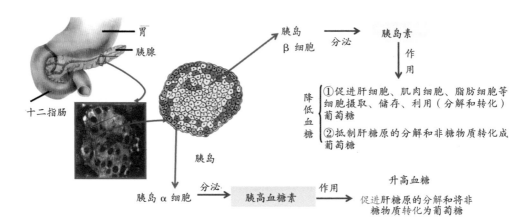

胰岛素和胰高血糖素的调节机制

如果我们把胰岛素比喻成一把钥匙，那么胰岛素受体就是细胞门上的锁，胰岛素降血糖的过程就像是用钥匙开锁的过程（胰岛素本身并不进入细胞），当胰岛素与受体结合后就会使细胞的"大门"打开，更多的葡萄糖转运蛋白会被转运到细胞膜上，因此，血液中的葡萄糖迅速进入细胞内并被利用，从而使血液中的血糖量降低。了解了胰岛素降低血糖的过程，读者不难想象，如果胰岛 β 细胞分泌胰岛素的过程出了问题或者胰岛素与受体结合的过程出了问题，都会导致人体内血糖无法降低，从而无法恢复到正常水平。

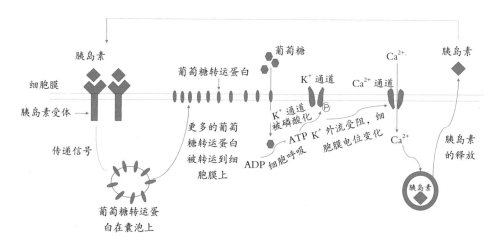

胰岛素降低血糖的分子机制

1 型糖尿病的产生原因是胰岛 β 细胞分泌胰岛素异常，使得人体内胰岛素分泌不足；2 型糖尿病的产生原因是患者的机体对胰岛素敏感性下降（例如，细胞膜上胰岛素受体受损等），使得胰岛素无法与胰岛素受体结合，相应的信号无法传导进入细胞内，令血糖无法降低。1 型或 2 型的糖尿病患者可以通过注射胰岛素的形式来维持体内血糖的浓度。

水的平衡调节

在家里，爸爸妈妈会告诉孩子，一定要多喝水！

每次感冒发烧，生病难受的时候，医生说，一定要多喝水！

这是真的吗？喝水有这么管用吗？

答案是：喝水真的很有用。水是生命之源。生物体内含量最多的就是水，水约占成年人体重的 70%，人类大脑内水含量约 80%。水不仅能充当溶剂，而且也是各种生理生化反应的介质，细胞的各种生理活动都需要水。

当我们口渴时，细胞外液的渗透压会升高，刺激下丘脑发出信号，告诉大脑"好渴啊，我需要喝水"，于是大脑就会通知我们伸手去拿水杯、接水、喝水。另外，下丘脑会产生一种叫作"抗利尿激素"的物质，它可以促进肾小管和集合管对水的重吸收，减少我们尿液的量，从而保持体内的水分不至于流失太多。通过喝水来补充身体水分的方式是我们人体最主要的水分来源，当然通过进食、体内的物质代谢等活动也是可以获取水分的。当人体内水分过多的时候，多余的水分大部分会从肾脏排出，有的也会通过皮肤、肺、大肠排出。如果体内长时间缺水，会造成身体脱水，引起消化系统紊乱、电解质失衡、小便发黄、大便干燥等一系列问题，严重的会诱发脑血管及心血管疾病，影响肾脏代谢功能等。

水平衡：流入 = 流出

　　所以，我们一定要多喝水，让身体拥有充足的水分。缺水会令身体感觉疲劳，比如，我们在夏天很热的时候出去走了走，出了较多汗，这个时候虽然还没有感到口渴，但是会觉得很疲劳，这其实并不是真正的疲劳，而是身体缺水带给你疲劳的感觉。

　　那我们怎么判断自己喝水喝得够不够呢？有两个方法。第一个方法，用自己的体重（单位为千克）除以32，所得结果就是我们一天大概需要的水摄入量（以升为单位）。比如，我的体重是50kg，除以32，大概一天就需要喝1.5L水，也就是2～3瓶500mL的矿泉水。第二个方法，根据自己的尿液颜色和气味来判断。正常来说，我们应该每隔一到两个小时去上一次洗手间，如果尿液颜色比较清亮，这说明我们喝的水是充足的。但如果半天都没有排尿，而且在每次排尿的时候，尿液颜色都非常深，说明水摄入不够。我们每天早上起来，尿液颜色都非常深，就是因为我们在晚上睡眠过程中没有喝水，所以起床时身体是缺水的。所以，每天早上起来以后要先喝一杯温水，给身体补充水分。

　　不过，大家要注意，喝水是指喝白水，不是喝饮料。饮料里面含有很多糖分，有些还含有咖啡因，两者都有利尿作用，不利于为缺水的身体补充水分，要尽量喝白水！

体温的平衡调节

　　体温的恒定对人体来说至关重要。要想维持体温的恒定，需要身体内的产热与散热达到平衡。人体的产热主要是靠内脏细胞的有氧呼吸，呼吸作用中的大部分能量都转变成了热能。人体的散热主要靠皮肤汗液的蒸发、排便、排尿，呼吸也能够散热。

　　身体中居然大部分的能量都用于维持体温，会不会太浪费了？实际上，体温的恒定对我们来说具有重要意义。第一，因为身体恒温，所以体内各种催化剂常年都处于高活性的状态，所以恒温动物的速度、力量、耐力都远高过体温不恒定的变温动物。第二，恒温让我们全年的活动时间增加。夜晚是没有阳光的，所以对部分动物来说，在夜晚活动时体温会很低甚至致命，但包括人类在内的恒温动物就不存在这个问题。第三，恒温使得恒温动物的活动范围增加了，不再像蜥蜴等变温动物那样只能生活在赤道附近，而是可以在全世界各地行走和居住，甚至包括极地附近。

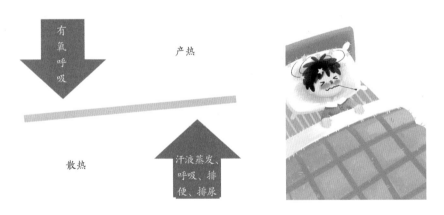

体温恒定：产热＝散热　　　　　　　　　　　体温的稳态被破坏

　　那我们是如何调节体温，使它永远处于 36.5℃上下的呢？冬天，外界温度很低，我们在室外的时候，立毛肌会收缩、骨骼肌会不由自主战栗、肾上腺素会增加，这有助于我们增加产热；皮肤血管收缩、汗腺活动减弱会使得我们的散热减少，这样就维持了我们体内温度的平衡。夏天，外界温度很高，我们的皮肤血管舒张、血流量增加，同时汗腺活动增加，出汗变多，通过增加散热使得身体温度也保持在一定的范围内，不至于像蛇、蜥蜴等变温动物一样，随着外界温度的提高或降低而改变体温。

但是，人体调节体温的能力不是无限的，当人体长时间暴露在寒冷环境中时，产热小于散热，体温降低，局部小动脉发生收缩，动脉血管麻痹而扩张，静脉淤血，导致局部血液循环不良，手就会长冻疮。当人体长时间暴露在炎热环境中时，产热大于散热，体温升高，就会导致中暑。所以，当身体内稳态不平衡时，人体就无法维持自身的正常状态，就会引发疾病，甚至导致死亡。

大自然中的稳态平衡

回到我们在本章开头提出的问题：大肠杆菌平均 20 分钟分裂一次，如果放任一个大肠杆菌自由地分裂增殖，只需要两天时间，它的后代总重量就会超过地球，那为什么我们没有生活在一个充满大肠杆菌的星球上呢？

事实上，所有种群最开始确实在大量地繁殖自己的后代，但是自然界的资源和空间是有限的。随着种群密度的增加，有限的空间、食物和其他生活条件引起的种群内斗争加剧，同时，以该种群为食的动物的数量也会增加，这就会使种群的出生率降低、死亡率增高，当死亡率增加到与出生率相等时，种群的增长就会停止，稳定在一定的水平，并在这个值附近呈现动态平衡。这个稳定的水平被称为环境最大容纳量 K，它是指在环境条件不受破坏的情况下，在一定空间中所能维持的种群最大数量。大肠杆菌不可能无限繁殖下去，就是由于环境条件对它的限制，像大肠杆菌这样的种群密度的变化方式被我们称为种群增长 S 形曲线。

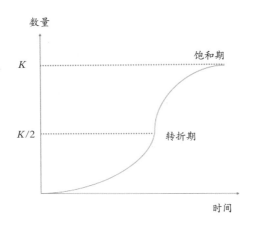

种群增长 S 形曲线

　　达到环境最大容纳量的各个植物、动物、微生物的种群会与周围的无机环境共同组成生态系统。

　　种群增长 S 形曲线理论在我们平时生产生活中经常用到。K 是环境最大容纳量，而 $K/2$ 是一个转折点，就是种群增长速率最大的点。《荀子·王制》中说：“草木荣华滋硕之时，则斧斤不入山林，不夭其生，不绝其长也。”就是说，当草木在生长旺盛的时候（$K/2$），千万别去砍伐它，否则草木是长不起来的。渔民们捕鱼的时候，网孔的大小也是有讲究的，他们会把一些小鱼苗放生，不去捕捞，捕捞的数量也不超过 $K/2$ 的值，这是为了让鱼的增长速率保持最大、保证年捕捞量可以最多。我们在过海关的时候，要进行严格的安检，不允许携带水果和蔬菜入境，就是担心这些水果和蔬菜上面有一些外来物种进入我国境内，在资源、环境比较适宜的情况下，会疯狂繁殖，破坏当地原有的植物和动物物种。

　　马里恩岛的猫灾就是生物入侵的一个例子。马里恩岛是印度洋上的一个小岛，1945年，南非的一支探险队来到这里，随船来的几只老鼠也悄悄溜上岸。结果，没过3年，老鼠就成了岛上的霸主，占据了整个岛屿。后来，探险队运进了5只猫去捕鼠。没想到，猫很快发现海鸟的味道比老鼠好，便不抓老鼠转去吃鸟。结果，老鼠没有减少，猫却繁殖到了至少2500只，海鸟也遭殃了，一年被吃约60万只。

如果不是生物入侵，在环境未遭到严重破坏的情况下，生态系统能维持自我相对稳定的状态。在一定时间内，生态系统中的生物和环境之间、生物各个种群之间，通过能量流动、物质循环和信息传递，可以达到高度适应、协调和统一。这种稳态表现在下述三个方面：第一，在食物链中，生产者、消费者、分解者按照一个定量比例关系结合，营养级之间的能量传递效率大概是10%～20%（能量流动）。第二，物质在生态系统中循环往复，如碳、氢、氧、氮等元素会不断从非生物环境进入生物群落，又从生物群落进入非生物环境（物质循环）。第三，生物和生物之间、生物和环境之间，都存在信息传递，这对于生物的生长、发育、繁殖、取食、社会行为都有重要的作用。

生态系统的稳态

稳态平衡的调节机制

我们可以把维持稳态的机制分为 4 种。第一种是正向调节，就是 A 事件导致 B 事件发生了相同方向的变化，比如，草多了，羊的数量会增加。第二种是负向调节，就是 A 事件导致 B 事件发生了相反方向的变化，比如，狼多了，羊的数量会减少。第三种是双重负向调节，就是 A 事件导致 B 事件发生了相反方向的变化，B 事件导致 C 事件发生了相反方向的变化，比如，狼多了，羊就少了；羊少了，草就多了，狼对草就是双重负向调节。第四种是负反馈调节，就是 A 事件导致 B 事件发生了相同方向的变化，B 事件导致 A 事件发生了相反方向的变化，比如，草原上草的数量增多会让羊的数量变多，但羊变多了之后，就会反过来把草吃光，羊对草就是负反馈调节（如表 2 所示）。

负反馈调节方式从微观到宏观都有体现，比如：细胞内的各种通信通过分子间的负反馈调节来实现平衡；人体的稳态平衡通过神经调节、激素调节和免疫调节之间的负反馈调节来实现；在生态系统中，食物网中捕食者和被捕食者之间也是靠负反馈调节来实现平衡。生命系统的各个层次都通过这 4 种调节方式实现了稳态，最终达到了平衡，所以我们把稳态平衡称为"生命的法则"。

表 2　4 种不同的调节机制示例表

调节机制	举例
正向调节	草原上草的数量多了，会使羊的数量变多
负向调节	狼的数量多了，会导致羊的数量减少
双重负向调节	狼的数量多了，羊的数量会减少； 羊的数量少了，会让草的数量变多； 狼对草就是双重负向调节
负反馈调节	草原上草的数量多，使羊的数量变多； 但羊的数量要是变得太多了，就会反过来把草吃光； 羊对草就是负反馈调节

　　自然微妙的平衡一旦被打破，人为保持平衡只会顾此失彼。澳大利亚附近有个岛，这个岛 19 世纪以前没有人类居住，有一些珍稀的鸟类，是一个非常好的自然保护区。但是在 19 世纪到 20 世纪，有一些人上岛捕猎海豹，还带去了一些兔子、猫和老鼠这些"世俗的"动物，破坏了岛上的生态平衡。特别是兔子，到处打洞，严重干扰了岛上鸟类的生活。于是在 20 世纪 60 年代，动物保护主义者决心控制兔子的数量。几经波折，到 1988 年，兔子的数量终于下降到了两万只。可是动物保护主义者没想到的是，兔子的数量减少以后，猫的行为发生了变化。本来猫是吃兔子的，现在吃不到兔子只好去吃那些珍贵的鸟类。动物保护主义者不得不再次控制猫的数量。到 2000 年，岛上猫的数量急剧减少，可是兔子的数量再次泛滥。动物保护主义者使用了极端的方法再次控制兔子的数量。到 2014 年，他们终于消灭了兔子、猫和老鼠。可是，又出现了一个新问题，岛的岸边有一种野草，以前兔子吃这种野草，能够遏制野草的生长。现在没有兔子，野草就开始侵占全岛。

　　生命系统无论在哪个层次上都保持着动态平衡，从而维持自身的稳定、健康与和谐。其实，自然界中这种维持不多不少、不高不低的稳态的趋势，内含哲理，就如西方哲学强调辩证，中国哲学讲究阴阳平衡。不管是在自然界还是社会中，我们透过事物的表面现象，往往能发现不同事物背后的逻辑规律的一致性。天地万物的道理都是如此，不同学科只是从不同的角度出发来解释这个道理罢了。从这个角度来思考，生物学领域里不同层次的生命系统最终会达到一种稳定平衡的状态。

稳态平衡观的应用

注射碳酸钠治疗休克

美国生理学家沃尔特·坎农通过向休克病人体内注射碳酸钠，挽救了无数休克病人的性命。在正常状态下，正常人血液中的 pH 值稳定在 7.35~7.45，这种 pH 值相对稳定的状态就是稳态的一种表现。如果 pH 值降低到了 6.95，人可能会昏迷甚至死亡；如果 pH 值上升到 7.7，人可能会抽搐甚至昏迷。健康人，既不昏迷也不抽搐，就是因为神经系统和内分泌系统自动进行各种反应，在持续地维持稳定的 pH 值。沃尔特·坎农在第一次世界大战战场上救治伤员时发现，休克病人血液中的碳酸根离子浓度比正常人低，而碳酸根离子是呈现弱碱性的，这就意味着病人的血液偏酸性，而且血液越偏酸性，血压就会越低，休克症状就越严重。严重休克对于当时的医生而言是一个非常棘手的问题，几乎没办法治好。当时，病人的血压一旦降低到 50mmHg（6.67kPa）或 60mmHg（8.0kPa），很可能就没救了。沃尔特·坎农想到，既然人的血液酸性越强，人的血压就越低，那么提高血液中的 pH 值会不会对提升血压有用呢？于是，他就试着给患者直接注射了呈碱性的碳酸钠溶液，强行恢复病人体内的正常稳态，结果治疗效果非常好。后来，这种处理方法就成了医学界的标准，挽救了无数休克病人的生命。这就是历史上运用稳态平衡思想治疗人类疾病的一个小例子。

感冒是病毒破坏稳态的结果

很多疾病的治疗从本质上就是要恢复我们体内的稳态平衡。以平时最容易发生的感冒为例，人们在每次感冒生病时不仅会打喷嚏、流鼻涕，可能还会发烧，其实就是病毒侵入人体后破坏了人体的稳态导致的结果。

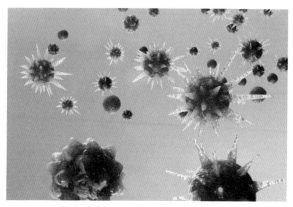

侵入人体的病毒　　　　　　　　　　　感冒的症状

引发感冒的病毒非常小，用肉眼和光学显微镜都看不到，只有用很高级的电子显微镜才能看到。病毒自己不能产生子代的病毒，它必须在进入我们体内后，借助人体提供的物质和温暖舒适的环境才能繁殖。当它在人体内繁殖到一定数量时，人就会感冒。引发感冒的病毒可以通过空气、食物和水来进行传播。比如，一个感冒的人打了一个喷嚏，喷嚏里面就含有很多的病毒，如果你正好离他很近，那么他喷嚏里的病毒就会通过空气进入你的鼻子里，于是，病毒就找到了新的藏身之处。一个感冒的人的唾液里有很多的病毒，他在喝水后，用过的水杯没有消毒，如果你不小心用了他的水杯，他的水杯上的病毒就会进入你的嘴里，于是，你也会感染病毒。

那我们的身体是如何抵抗病毒的入侵从而再次恢复稳态的呢？身体会利用我们的皮肤黏膜和免疫细胞对抗病毒，表现为打喷嚏、流鼻涕、发烧等症状。具体来讲，首先是防止病毒进入，我们的皮肤和黏膜是一道天然的保护屏障，当病毒要通过鼻孔进入我们的身体时，鼻黏膜会把一部分病毒挡在外面。当病毒刺激鼻腔后，黏膜充血水肿，分泌物增加，我们就会通过流鼻涕、打喷嚏的方式把病毒带出来，减少病毒的入侵。其次，一旦病毒进入人体，我们身体里的细胞会用各种手段将病毒杀死，就像"作战部队"一样猛烈地攻击入侵的"敌人"。另外，我们会发烧，因为病毒无法在高温下存活，体温升高（依靠大脑的神经调节）有助于消灭病毒。因此，虽然发烧、流鼻涕、打喷嚏让人感觉不舒服，但这些症状都有助于我们的身体消灭病毒，是人体对抗病毒的方式。不过，体温太高也会有负面影响，会让我们自身的细胞也无法正常工作，所以如果体温太高，需要吃退烧药。

你可能会问，为什么有的人接种了流感疫苗后还是会得流行性感冒呢？原因就是引起流感的病毒特别容易变异，我们的免疫系统无法识别变异的新病毒，导致人们可能在接种疫苗后感染流感病毒。

维持稳态是精力管理的必要条件

你们是否会有一种感觉，中午吃完饭以后特别困，特别想睡觉？这其实是胰岛素分泌量大起大落导致的结果。如果中午吃了　大碗面或者米饭，血糖就会快速升高，为了降低血糖，胰腺会快速分泌胰岛素，这会使色氨酸进入大脑，而色氨酸是合成褪黑素的"原料"，褪黑素会使人昏昏欲睡。另外，如果吃得太饱，大量的血液到达消化道，会使大脑中的供血量下降，令人觉得疲惫。所以，要想维持一整天的好状态和充沛的精力，中午的饮食要尤为注意，少吃碳水化合物，多吃高蛋白的食物（例如鸡蛋、鱼肉、牛肉、虾等）和绿色蔬菜，少吃多餐，让自己的胰岛素维持在一个比较稳定的水平，不要像坐过山车一样大起大落。要想维持旺盛精力，也要让自己多喝水。人的身体约 70% 的体重由水组成，很多时候我们觉得疲劳不是因为真的疲劳了，而是身体缺水带来疲劳感。

吃鸡蛋是人体补充蛋白质的一种方式，但很多人认为不能天天吃鸡蛋，因为蛋黄里的胆固醇含量很高，吃得越多，身体内的胆固醇含量就越高，就越容易引起冠心病等疾病。其实并不是这样，正常人体内有调控胆固醇的机制。正常细胞可以产生胆固醇，如果体外摄入的胆固醇比较多，那么细胞内制造的胆固醇就会减少，从而将体内的胆固醇水平维持在一定的范围内。

运动也能让人精力旺盛。运动可以让人体产生多巴胺、血清素、肾上腺素等，这些激素能让人更快乐、更专注，从而完成比较有挑战性的工作。另外，人们在运动过程中增加了氧气的摄入量，保证了大脑供氧的充足，细胞代谢有活力，使我们精力充沛。

天之道，损有余而补不足

把眼光再放广阔一些，其实稳态平衡观这一思想不仅仅在生命科学中适用，它也是放之四海而皆准的一个道理。"天之道，损有余而补不足。"万事万物都遵循"天道"，这就是"生命的法则"。世间大道，殊途同归。

第 4 章

进化适应观:
进化论是天地万物的算法

适应 = 变异 + 选择

我们每个人都是一部活着的编年史

生物学家杜布赞斯基说："若无进化之光，生物学毫无道理。"如果只能挑出一个词语代表生物学世界观，那么一定是进化适应观。进化适应观体现了生物学与其他学科最大的区别，它是一种看待世界的角度和方式，为我们提供了一种完全不同地理解这个世界的视角。著名的历史学家杜兰特把进化论视为人类最伟大的思想之一。他认为历史只是生物学的片段，达尔文看上去只是在描述客观世界，然而却改变了人类以自我为中心的世界观。

18 世纪，哲学家佩利提出："假如你在荒野之中看见了一块石头，那你可以认为这块石头一直在那里，是自然存在的。但如果你在荒野中看到了一块钟表，上面有时针、分针、秒针，各种机械装置都非常精巧，那你肯定会认为它不可能跟石头一样是自然产物，而一定是被一位钟表匠精心设计制造出来的。"

达尔文却认为，不，是进化的力量创造了这一切，大自然才是一位"盲眼钟表匠"，这是复杂生命诞生和演化的唯一正确答案。

进化是如何通过大自然之手造就这一切的？进化等于进步吗？进化论强调的是你死我活的丛林法则吗？既然进化论强调竞争，那么物种之间为什么会有合作？社会达尔文主义者是对的吗？

进化论为我们提供了解释世界的很多角度，为我们提供了上述问题的答案。除此之外，我们还可以从进化论中探寻更多问题的答案：为什么是语言造就了人类？人类有自我意识和自由意志吗？人是机器吗？机器可以成为人吗？基因编辑技术真的能够逆转进化吗？商业世界中的哪些理论来源于进化？

大道至简，殊途同归——进化论是天地万物的算法。

谁提出了进化论

1809 年，达尔文出生在英国。

达尔文从小就表现出了对生物的喜爱。达尔文的父亲是一位乡村医生，虽然希望他子承父业也做一名医生，但是又觉得他学不了医学，于是让他去剑桥大学学神学。剑桥大学的博物学和地质学非常好。达尔文在剑桥大学结识了当时著名的植物学家亨斯洛和地质学家席基威克，并接受了植物学和地质学研究的科学训练，放弃了神学的学习。

1831 年，达尔文 22 岁。在他面临职业选择的时候，亨斯洛教授给他提供了一个机会，让他随皇家海军小猎犬号测绘船以"博物学家"的身份周游世界并进行考察。达尔文能够得到这个机会一方面是因为他博学多识，另一方面的原因是这一行要 5 年时间，船长担心旅途寂寞，又不想和底层的船员一起吃饭"降低"自己的"绅士"身份，而达尔文家庭富裕，是一个"绅士"，所以两人一拍即合，达尔文登上了小猎犬号。

小猎犬号先在南美洲东海岸的巴西、阿根廷等地和西海岸及相邻的岛屿上进行考察，然后跨太平洋至大洋洲，继而越过印度洋到达南非，再绕好望角经大西洋回到巴西，最后于 1836 年 10 月 2 日返抵英国。达尔文在小猎犬号上除了陪船长吃饭，大部分时间都在阅读、思考和写作，还沿途搜集了很多植物、动物和化石的标本。高中生物课本中介绍了达尔文对胚芽鞘向光性的研究，这个实验就是达尔文在船上做的。而做这个实验的原因是达尔文带了几只鸟上船。为了喂养这几只鸟，达尔文在船舱中种了一种叫作金丝雀虉草的植物，可是船舱很暗，只有在窗边才能够射进阳光，达尔文发现金丝雀蔺草的幼苗居然一个个都向着窗户处弯曲生长，于是就有了后面一系列发现生长素与植物向光性生长的实验。

这次航海改变了达尔文的生活。他在随小猎犬号航行期间和之后，阅读的大量书籍成为他后来提出进化论的基础。从达尔文的例子中，我们可以看到，平时还是要多读书，多读一些各个领域的书，书中的思想会深深地埋在我们心里，也许会在将来的某一天生根发芽。将不同的思想融会贯通，会让我们迸发出无限的创造力。下面介绍的 3 本书对达尔文的影响很大，引发了他的思考。

《地质学原理》，作者：赖尔

赖尔的观点在他那个时代具有颠覆性意义，给达尔文留下了深刻的印象。赖尔认为，各种地貌（例如岩石和峡谷）的形成是自然界的各种因素与现象如风暴、地震、火山爆发、水流、沉积等不断作用的结果，所有变化的发生都是一个缓慢的自然过程，不是一蹴而就的。对达尔文来说，赖尔代表的是渐进主义的观点，特别是航海的经历让他看到了各种地质变化留下的痕迹，因此他对于赖尔的这一说法更加信服，即微小因素的日积月累对最后的结果会有很大的影响，地球在某种作用平缓的自然力量的驱动下不断被塑造和重塑，而其中就蕴含着雕刻自然的智慧。达尔文进一步思考，各种动物的当下形态有没有可能也是大自然力量千百万年作用的结果呢？

《人口学论》，作者：马尔萨斯

达尔文在他的《物种起源》一书中说，他的理论是马尔萨斯人口学理论在自然界中的应用。达尔文非常崇拜马尔萨斯，称马尔萨斯为"伟大的哲学家"。马尔萨斯无意中对进化论作出了很多贡献，他对于人口问题的思考是现代进化理论的基础，也让达尔文意识到群体数量的增长会导致物种对食物、空间等资源的竞争。虽然马尔萨斯描述的是人类数量的增长，但是达尔文吸收了他的思想，马尔萨斯讨论了"有限条件"下人类"为了生存而斗争"等生存状态，达尔文借用这个理论解释所有生物的生存状态，生物间不仅存在种间竞争，还存在种内斗争。

《国富论》，作者：亚当·斯密

《国富论》认为人的本性是利己的，追求个人利益是人们从事经济活动的唯一动力；同时人又是理性的，作为理性的经济人，人们能在个人的经济活动中获得最大的个人利益。如果这种经济活动不受到干预，那么经由价格机制这只"看不见的手"的引导，人们不仅会实现个人利益的最大化，还会推进公共利益的实现。达尔文在此基础上进一步思考，如果大量只关心自己私利的个体最终使得整个社会的公共利益逐渐最大化，那么自然界是不是也是如此呢？自然界中的"看不见的手"是什么呢？

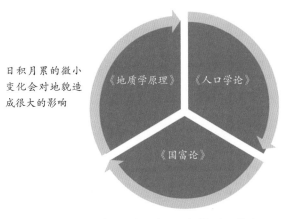

日积月累的微小变化会对地貌造成很大的影响

群体数量的增长会导致物种对食物、空间等资源的竞争

《地质学原理》 《人口学论》

《国富论》

市场是由"看不见的手"来调节的

启发达尔文提出进化论的 3 本经典著作

另外，我还想给大家讲一个加拉帕戈斯群岛燕雀的例子。这个例子是讲到进化论时必然绕不开的一环。

在位于南非大陆以西约 1000 千米的太平洋海面上的加拉帕戈斯群岛上，达尔文发现 13 种燕雀的不同种群之间虽然长相很相似，但是喙的大小和形状却差别很大。达尔文研究了这些燕雀喙形不同的原因。群岛上成群的燕雀一直以水果为食，当呼啸的季风或炎热的夏季来临，整座岛屿就会陷入一片死寂，水果的产量也会急剧下降。在众多的燕雀中，产生了某种燕雀的突变体，它的喙外形奇特，可以撬开种子。当饥荒蔓延时，这类变异的燕雀就可以通过食用硬粒种存活下去，并且经过不断繁殖，数量日益增多，于是新型燕雀物种占据了主导地位。可见，每个小岛屿上的食物很不相同，加上环境的差异，共同塑造了燕雀不同的喙的形态，因此，喙形态不同的燕雀是共同祖先由于对不同食物来源的适应进化而成的不同物种，自然界的进化过程就在这种艰难险阻中缓慢前行。

读过的书、走过的路、看过的燕雀一直萦绕在达尔文的脑海中。微小的变化通过时间的累积在环境的作用下产生很大的影响；当种群数量增长受到资源限制时，个体之间不得不进行生存斗争；个体的自利行为使得群体受益；燕雀的喙像是专门针对其所处环境而设计的……这些，在达尔文脑中最后形成了什么呢？

进化论是天地万物的算法

登上小猎犬号的达尔文在读完了赖尔的《地质学原理》后，认识到微小的变化通过时间的累积在环境的作用下会产生很大的影响，进一步思考生物的微小变异是不是也会通过时间的累积形成表现出来的巨大差异？在读完马尔萨斯的《人口学论》后，他认识到在人类的数量增长受到资源限制时，个体之间不得不进行生存斗争，进一步思考自然界中的其他生物是否也是如此？在读完亚当·斯密的《国富论》后，他认识到市场经济像一只"看不见的手"在调节着人、财、物在全社会的配置，进一步思考大自然中是不是也存在这样一只"看不见的手"？这些知识在他的脑海中不断酝酿发酵，伟大的进化论由此诞生。

1859 年，达尔文的《物种起源》问世了。在这本书中，达尔文详细地阐述了他的自然选择学说观点，主要有以下 4 点：过度繁殖、遗传变异、生存斗争、自然选择。现在，人工智能的遗传算法就是借鉴了进化论的思想，最后得到的最优解是通过"适应度函数"一步步选择和迭代出来的。

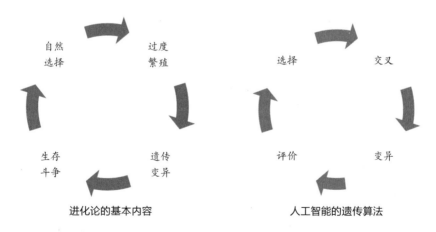

进化论的基本内容　　　　　　　　人工智能的遗传算法

过度繁殖。达尔文通过科学考察发现了地球上的各种生物普遍具有很强的繁殖能力，能产生很多后代，而且普遍都有依照几何级数增长的趋势。若一对家蝇繁殖一年，每代产 1000 个卵，每世代为 10 天，则这一对家蝇一年所产生的后代可以一定的厚度覆盖整个地球。再举一个例子，每条雌鲫鱼一年所产的卵中大约有 3000 个可以受精并孵化成鱼。按照这个数目计算，经过 3 年，一对鲫鱼繁殖出的后代数目可达约 67.5 亿条。但各种生物的数量在一定的时期内都保持着相对的稳定状态，这是为什么呢？

遗传变异。生物界普遍存在着遗传和变异现象，生物每一代都有变异，亲代与子代之间、同一亲本产生的各子女之间都存在着差异。在这里我们看到了赖尔的理论的影子，微小的变化通过时间的累积在环境的作用下产生了很大的影响。在生物产生的各种变异中，有的变异可以遗传，有的变异不能够遗传。

生存斗争。由于空间、资源、食物和配偶等条件有限，生物的无限繁殖要求不可能被满足，所以繁殖过度必然会导致生存斗争。任何一种生物在生活过程中都必须为生存而斗争，但这种斗争分为外部斗争和内部斗争。内部斗争叫作种内斗争，是在同种生物个体或群体之间发生的。例如在同种作物中常出现大小不同的苗，经一段时间后因为大苗在争夺空间、水分、养料和光照等条件中占优势，大小苗间的差距越来越显著。外部斗争包括两种，一种是生物与无机的自然条件开展的斗争，残酷的自然条件包括干旱少雨、高温闷热、严寒冰冻，生物在这些条件下很难储存食物、繁殖后代。另外一种外部斗争是不同种生物之间的斗争，被称为种间竞争。俄罗斯一个生态学家高斯（不是德国数学家高斯）有一个著名的实验，他将大草履虫和双小核草履虫混合培养，注意，大草履虫和双小核草履虫不是个头大小之间的区别，而是两个不同种的生物。16 天后，只剩下后者。这说明具有相同需要（食物、空间、栖息地）的两个不同的物种，不能永久地生活在同一环境中，否则，一方终究要取代另一方，即一个生态位只能被一种生物占据，这种现象被称作高斯原理。

自然选择。通过生存斗争，具有有利变异的生物容易在生存斗争中获胜从而活下来，具有不利变异的生物在生存斗争中失败从而被淘汰或消灭。因此，凡是生存下来的生物都是适应环境的，而被淘汰的生物都是不适应环境的。达尔文把这种适者生存、不适者被淘汰的过程叫作自然选择。由于不断地进行生存斗争，自然选择可通过一代代的自然环境的选择作用，使得变异向着一个方向积累，于是动物的外形、习性逐渐变得和原来的祖先不同，甚至可能导致新物种的形成。

我们可以使用进化论的思想来回答"长颈鹿脖子为什么这么长"这个问题。长颈鹿的祖先产生了很多后代，而后代数目远远超过环境承受能力（过度繁殖）；长颈鹿有的颈稍微长点，有的颈稍微短点，存在一点差异（遗传变异）；它们都要吃树叶，但是树叶不够吃，所以在长颈鹿内部就存在着竞争关系（生存斗争）；颈长的长颈鹿能吃到树叶生存下来，颈短的长颈鹿却因吃不到树叶而最终饿死（自然选择）。于是，我们现在看到的就是一代代生存斗争之后逐渐被选择下来的、长脖子的长颈鹿。其中，过度繁殖为自然选择提供了更多的选择材料，加剧了生存斗争；遗传变异是生物进化的内在因素，具有有利变异的个体通过遗传在后代中得到积累和加强，产生适应环境的新类型，这是生物多样性和适应性产生的基础和形成的原因；而自然选择是生物进化的动力，适者生存是自然选择的结果。自然选择导致进化，看起来一切都是被设计出来的，却不存在设计者，在漫长的时间下"遗传变异＋自然选择"造就了所有的这一切，进化论是天地万物的算法。

进化论的证据

进化论的反对者们认为：像眼睛这么精巧的设计，绝对不可能是逐步形成的，因为缺少了眼部结构中的任何一个，眼睛都不能正常发挥作用。这其实是对自然选择机制的误解，误以为生命的进化是单步骤选择，是完全依靠运气的随机过程。但其实不然，复杂生命的进化是非随机的，是累积选择的过程。生物学家根据化石提供的信息发现了眼睛的进化路径。最早的眼睛是扁形虫身体上由光敏色素组成的眼点；接着皮肤向内凹陷，在贝类生物上形成杯子形状的原始眼睛；之后在沙蚕身体内，杯口多了一层透明覆盖物；在鲍鱼身上，这种透明覆盖物形成了晶状体。在上述一系列变化过程中，每一步都为生物带来了进化上的优势，有利于生物提高存活率与繁殖率。瑞典隆德大学的两位科学家甚至建立了一个数学模型来模拟眼睛在进化史上的形成过程，结果发现模型所预测的眼睛的进化过程，和自然界中的真实过程基本一致。

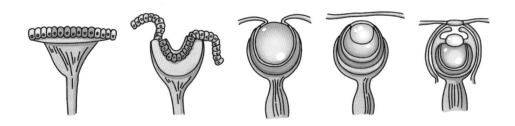

眼睛的进化历程

理查德·伦斯基从 1988 年开始，用了几十年的时间，研究大肠杆菌的演化，带来了关于进化的新发现。他为什么用大肠杆菌做实验呢？因为大肠杆菌是实验室的一种模式生物，具有繁殖快、易于保存的优势，经过液氮冻融后，仍旧有活性。大肠杆菌 20 分钟繁衍一代，用不了十几年的时间，就可以将人类 20 多万年的演化历史模拟一遍。这就好比按下快进键来观察进化，下面我们介绍伦斯基是如何做这个实验的。

他将同一种大肠杆菌分别装在装着 10 毫升营养液的 12 个瓶子里，每瓶营养液能满足其中的大肠杆菌在一天之内繁殖 72 代。每天早上，他从旧瓶子里取出 0.1 毫升含有大肠杆菌的营养液，并把它放入含有 9.9 毫升纯营养液的新瓶子里重新培养，每过 70 天左右，大肠杆菌大概进化了 500 代，他就取出来一部分含有大肠杆菌的营养液，作为样本冷冻，就这样经过若干年，研究者就获得了大肠杆菌的演化路线图。

大家猜猜有什么样的实验结果？首先，所有的大肠杆菌都变得更大，生长速度都变得更快，经过了十几年之后，新一代的大肠杆菌的生长速度比最初的祖先要快 60%，这说明大肠杆菌在不断地发生着进化。其次，这 12 瓶大肠杆菌形成了 12 个不同的大肠杆菌分型，它们变得与最初都不同了。虽然最初它们来源于同一株大肠杆菌，但是它们却在进化的道路上分道扬镳。大肠杆菌本来是绝对不能消化柠檬酸的，但是，其中有一瓶大肠杆菌居然进化出了消化柠檬酸的能力，使研究人员能利用柠檬酸作为碳源。研究人员一直往上追溯，通过比较发生变异的序列，发现了这个能力来自那个种族祖上某一代的一次基因突变，又过了很多代的繁殖，与其他基因的功能相配合才具备了这个能力。这说明生物体可以通过自然选择和遗传突变逐渐获得新的适应性特征，增加了多样性，获得了更大的生存优势。

每次回顾这个实验，我都很感慨，难道是那个能消化柠檬酸的大肠杆菌做对了什么吗？进化真是一件神奇的事情，是自然选择的力量让这一株大肠杆菌变得"强大"。这个实验再次印证了进化适应观，生物是不断进化的，进化是突变和自然选择的结果。

我们每个人都是一部活着的编年史

人是从哪里来的？在 600 万年前的冰川时代，地球变冷使得热带雨林的面积大幅缩小，在热带雨林的边缘地带上，有一部分猿类遇到了食物危机，找不到足够的水果，便不得不开始寻找其他的东西吃。它们从树上来到地面，寻找植物的根茎、种子来吃。正是在这种恶劣的环境中，人类进化出直立行走、相互合作等与其他动物不同的特征。

直到 20 多万年前，现代人的祖先出现；又进化了 20 万年左右，直到 1 万多年前，人类开始进入农业时代；直到 200 多年前，人类开始进入工业时代。人类的身体经过几百万年的时间，才进化成现在这个样子。虽然我们是生活在后工业社会的人类，但我们的身体和旧石器时代的人类是相似的。人类身体带着时间的烙印，每个人都是一部活着的编年史。

那人类是如何登上食物链顶端的呢？答案是：我们有一个很聪明的大脑。但是，大脑是一个耗能大户，对于人体来说是一个沉重的"负担"。成年人每天有 20% ~ 30% 的能量供应给大脑，而婴儿的比例更高。在原始条件下，人类日常生活面临的常态是食物缺乏，经常饥一顿饱一顿，如果在较长的一段时间内找不到食物，大脑就会缺乏能量供应。如果大脑"缺能"了，记忆力、思考能力就要打折扣，接着，身体的其他器官也会慢慢不舒服。那怎么解决这个问题呢？

答案是：身体可以从"开源"和"节流"两个方面对能量进行有效管理及利用，保证大脑所需能量的不间断供应。开源，就是要多吃高热量（高糖、高脂肪）的食物。节流，就是减少热量消耗，通过脂肪储存能量。我们在"物质能量观：生命以负熵为生"一章中进行了详细论述。从每个人的身体中都能看到进化的影子，这印记来自数十亿年前的遗传物质，来自地球环境的沧海桑田，更来自生命的本能——从环境中攫取能量，打败同类，保存自己，繁殖后代。这种本能跨越时空，注定万古长存。

疾病是进化与现代生活冲突的产物

不知道大家是否还记得我们之前提到过的镰刀型细胞贫血病，这种病虽然会让人贫血，却能助人躲过疟疾，让人生存下来。现代的很多疾病是进化与现代生活冲突的产物。进化并没有什么绝对的有利或有害，也没有什么绝对的优秀或失败，只看是否适合当下的环境，进化只是在原有的基础上做一些小小的修修补补，得过且过地把地球上的生命塑造成了今天这个样子。

以糖尿病为例。进化导致人类对糖很偏爱，我们会摄入大量糖分多的食物。为了将血糖控制在合理范围内，现代人的身体不得不分泌比几十年前的人多一倍的胰岛素来控制血糖含量。过多的糖分摄入，一方面使得人类的脂肪越来越多；另一方面，随着人体内胰岛素分泌的增加，身体细胞对胰岛素逐渐变得不敏感。这就需要分泌更多的胰岛素来降低血糖，然而，这增加了胰岛的负担，时间久了，胰岛的功能衰退，分泌不出胰岛素，糖尿病就产生了。

糖尿病、癌症、心血管疾病、近视、腰背疼痛、过敏、肥胖等，虽然这些疾病的诱因很复杂，但是从进化的角度可以发现它们之间的关联性，这些疾病其实都是人体的进化和环境之间的不协调导致的结果。我们的身体还处于旧石器时代，还没有适应现代优越的环境。

但这并不是说人类应该完全按照原始人的方式生活，毕竟璀璨的现代文明给我们带来了很多的便利。不过，我们还是要时刻提醒自己，建立起人体与环境的这种进化的意识，避免过度的舒适生活对人体造成的伤害，适当锻炼、多参加户外活动，对我们是有好处的。

进化的结果导致适应

进化论的逻辑起点是论述生命的起源，从无机小分子到有机小分子，从有机小分子到有机大分子，从非细胞形态的生命发展到细胞形态的生命，标志着细胞的形成；从原始单细胞到多细胞，标志着细胞的分化；从原核细胞到真核细胞，标志着生物的类群能够大规模进行扩展，增加了生物的多样性，于是形成了多姿多彩的生物界。

植物能够适应环境。"橘生淮南则为橘，生于淮北则为枳"，这句话充分表明了物种与环境之间的适应关系。热带雨林雨量多、高温高湿，导致植物呼吸困难，因此，高大的榕树长出了壮观的气生根辅助自己呼吸。沙漠里的植物为了能够适应所处的干旱缺水环境而产生了独有的特征，例如，芦荟的茎叶肥厚多浆，具有发达的贮水组织；仙人掌叶子变异成细长的刺或白毛，以减弱强烈阳光对植株的危害，减少水分蒸发，同时还可以使湿气不断积聚凝成水珠，滴到地面被分布得很浅的根系所吸收；沙冬青茎秆变得粗大肥厚，既保护了植株表皮，又有散热降温的作用。

榕树的气生根是榕树适应热带雨林的结果　　　沙漠植物的茎叶是其适应干旱条件的结果

植物与环境相互适应的例子

动物能够适应环境。草原犬鼠靠良好的视力和敏锐的听觉来远离环境中的危险；在旱季，非洲大草原上的角马，为了新鲜草料，不得不迁徙，前往湿润和有植物生长的地方；灰鲸平时生活在寒冷的水域里，每年冬天，它们都要游到更温暖的地方产子；为了过冬，狗熊和土拨鼠要吃很多食物并进行冬眠。大白鲨可以从海底较深的地方看到水面上一块成年人手掌那么大的漂浮物；可以嗅到 1000 米外被稀释成原来的 1/500 浓度的血液气味并以 69 千米每小时的速度赶去；在游泳的时候，可以通过耳朵内部的细胞感受周围水流的变化。这些都是动物适应环境的结果。说到生物与环境之间的适应关系，不得不赞叹大自然为各种各样的生物提供的精妙的"解决方案"。

大白鲨敏锐的嗅觉和触觉是适应环境的结果　　　　狗熊冬眠是适应环境的结果

动物与环境相互适应的例子

人们对进化论的误解

进化等于进步吗？ "进化"这个词给人一种错觉，认为事物的变化总是进步的，或者说，总是从简单变成复杂。但事实上，复杂的不见得就是最适合环境的，简单的不见得是退步的。比如雄性孔雀的尾巴越来越大，越来越华丽，从适应环境的角度来说是越来越不利的，但大尾巴会增加它对雌性的吸引力。那孔雀的尾巴大是一种进步吗？不一定。不同的生物有各自独立的进化路径，大多时候分道扬镳，偶尔殊途同归，每个物种走的进化之路都不一样，又如何进行比较呢？对于进化最形象的解释是"醉汉回家"理论，"醉汉"跌跌撞撞，不知道会走到哪里，因此根本不存在进步，也没有什么所谓的低级到高级的演进。

既然进化论强调竞争，那么同一物种的个体之间为什么会有合作？ 蜜蜂、蚂蚁是社会性的昆虫，它们分工合作，高效地完成捕食、繁衍的工作。以工蚁为例，它是不能生殖的，但还是勤勤恳恳地努力工作。为什么工蚁愿意专门负责干活且放弃自己的生殖权呢？当我们从群体演化的视角来看这一现象时，就不会感到奇怪了。因为每一个个体的力量太渺小，太容易被环境淘汰，它们必须将种群内部的竞争压制到零，保证整个蚁群在对外作战的时候是个强有力的竞争者，这样才能使种群的基因代代延续下去。爱德华·威尔逊教授说："群体中的自私打败无私，无私的群体打败自私的群体，除此之外都是注解而已。"

进化论强调的是你死我活的丛林法则吗？ 进化论看起来很容易理解，其实是最容易被误解的理论。很多人对进化论的理解来自严复翻译的《天演论》，而这本书的内容并不是来源于达尔文所著的《物种起源》，而是来自素有"达尔文的斗犬"之称的生物学家赫胥黎在牛津大学进行的一场演讲的内容，原名直译是《进化论与伦理学》。严复在翻译过程中，结合当时的社会现实，让"落后就要挨打"的观念逐渐深入人心。进化论不仅强调竞争，也强调合作，并非你死我活的丛林法则。

社会达尔文主义者是对的吗？ 所谓社会达尔文主义，就是把达尔文的进化论简单照搬到社会中来解释和干预人类世界。有些人奉行社会达尔文主义理论，他们认为既然自然界的规律是弱肉强食、优胜劣汰，那么老弱病残就应该被淘汰，没有必要去保护他们的权益和利益。很多人高举着达尔文的旗号，让这一理论看似很有道理，其实这个理论从逻辑上就错了。那么，它逻辑上到底错在哪里？错就错在，它用人类世界自己的标准去定义了什么是"好的"、什么是"不好的"。自然界并没有什么好坏，只有是否适应，适应的并不一定是好的。随着环境的改变，适应性也在改变。举一个例子，没有翅膀的昆虫不能飞，按理说是一个缺陷，因为行动不灵活很难捕食、也很难逃脱天敌的捕捉。但是，在一个天天刮大风的岛屿上，有翅膀的昆虫都被吹走了，没有翅膀的昆虫却生存了下来，这时劣势变成了优势。所以，在自然界中没有谁去定义好坏，只有是否适合环境，但社会达尔文主义者人为地定义了"老弱病残就是没用的"，这是非常错误的假设和判断。

进化适应观的应用

抗生素的发明和耐药性的产生

1928 年，英国人弗莱明在培养葡萄球菌的平板培养皿中发现，被青霉菌污染处没有葡萄球菌生长，由此发现了青霉素。1940 年，英国的病理学家弗洛里和德国的生物化学家钱恩通过大量实验证明青霉素可以治疗细菌感染。在医生第一次用青霉素救治了一位患败血症的危重病人，使这位病人恢复了健康后，青霉素成了家喻户晓的救命药物。这 3 位科学家的发现，使青霉素进入了人类生活，挽救了成千上万人的生命。他们 3 人也因此共同获得了1945 年的诺贝尔生理学或医学奖。

作为医学史上效果极为强大的一类药物，抗生素在问世之后，很快就受到医生和患者的大力追捧。医生们总喜欢在药方里加上一剂抗生素，不管是普通感冒还是偏头痛，不管是不是抗生素的适用症。他们的想法很简单：反正对人体也没什么坏处，用上抗生素更保险一些。事实上，同一种细菌分很多的个体，个体之间大致是相同的，但是偶尔也会出现基因突变导致同种细菌之间出现细微却重大差别的情况。本来绝大多数细菌都怕这种抗生素，遇到这种抗生素就死了，但是其中有少量细菌个体，因为其特殊的基因突变不怕这个抗生素，所以能幸存下来。

用进化的语言解释，由于抗生素的存在，为这些细菌提供了一个"选择压力"。这些不怕抗生素的"幸存者"，就是这个选择压力"选择"的结果。"幸存者们"获得了巨大的生存空间，它们不断地繁殖，在抗生素选择压力的作用下，变得越来越能抵抗抗生素。也就是说，细菌在发生着进化。这样进化的一个可能结果，就是细菌会再次发展壮大起来，而且这次全都是不怕抗生素的细菌。

滥用抗生素的现象不仅出现在医学领域，还出现在其他领域，比如养殖业，在鸡饲料里加入一定浓度的抗生素让鸡更快地生长或预防疾病，但是，这种使用导致细菌长时间暴露在一定浓度的抗生素环境中，令耐药性比较强的细菌不断被筛选出来。最终结果就是，在人为干预下，一大批耐药性超强的细菌被筛选出来，等到人类真正想要杀菌时，就会惊讶地发现抗生素已经杀不死这些细菌了。

其实，早在 1945 年弗莱明就说过，抗生素要用就要用足量，用量不足会导致细菌产生耐药性。事实也印证了他的担忧，1945 年到 1948 年这几年间，美国的各大医院暴发过 500 多次耐药性病原体导致的疾病。从 20 世纪至今，细菌病原体对抗菌药物的耐药性已经大幅度提升了。

既然细菌对原有的抗生素产生了严重的耐药性，再开发新的抗生素不就好了吗？没那么简单。我们使用的抗生素大多数不是"人为研发"出来的，而是自然界本身就存在的（其实抗生素也是生物适应环境的产物，生物自身产生抗生素来对抗细菌的侵染），是从生物里面提取出来的。近几十年来人们一直在做的，只不过是在原有抗生素的基础上进行小修小补，并没有增加抗生素的种类。我们现在用的抗生素大多数还是 20 世纪四五十年代找到的，从那之后就很难再找到新的抗生素了。

细菌的耐药性越来越强，抗生素的种类很难继续增加，这种趋势非常危险，因为随时可能会有耐药性极强的超级细菌卷土重来，打人类一个措手不及。如果有一天"神药"抗生素不再"神奇"，那我们就不得不为自己滥用抗生素的行为后果买单。所以，我们不能滥用抗生素。不过，科学家也在很努力地寻找对抗细菌的新路径。比如 2020 年，麻省理工学院通过人工智能神经网络算法，发现了一种新型抗生素 Halicin，它不仅与已知的抗生素结构完全不同，而且在抗菌的同时，还对人体没有毒害作用。让我们保持乐观，期待未来会变得更好！

语言造就了人类

语言是人类思维和交流的基本工具，是独立的标志，促成了人与自然的分离及人的主体性地位的确定。

不过，语言的重要性还不止于此。著名的语言学家乔姆斯基做过一个实验，他让黑猩猩和人类一起生活并且学习人类的语言。黑猩猩能学会人类的一些基本词语，比如苹果、酸奶、吃等，但是这只黑猩猩却无法学会人类的语法，它永远都分不清楚"我吃饭""饭吃我""吃饭我"之间的差别。

那人和黑猩猩之间的区别到底在哪里呢？科学家发现，如果人类的 FOXP2 基因发生了突变，就会出现说话不清楚、语法混乱的情况。科学家发现黑猩猩也有这个基因，于是对人类和黑猩猩的 FOXP2 基因翻译出来的蛋白质进行了比对，发现仅两个氨基酸有区别。进化生物学家推测，这个差别的出现时间，大约在 10 万年前，而这一时间点与人类和黑猩猩进化分道扬镳的时间点非常接近。于是，就有这样一种推测，可能正是由于 FOXP2 的突变，使得我们发展出高级的语言功能，于是人类之间能"八卦"，能编造故事，进而发展出了复杂的社会，形成了先进的文明。

意识、自由意志和人工智能

我到底是谁？智人是一种具有智能的生物。我们能思考自身，也能对外界进行思考，还能把我们思考的内容告诉更多人。可是，什么是意识？为什么我们会有意识？意识的生物学功能究竟是什么？

1977 年，IBM 的深蓝计算机战胜了当年的国际象棋冠军，许多人惊讶万分——人脑竟然不敌计算机？计算机是不是有意识？计算机是不是也具有智能？机器是不是也会像人一样思考？英国数学家艾伦·图灵为了解答这些问题，给出了一个简单易行的解决方案，称为"图灵测试"，即如果一个人（代号 C）使用测试对象理解的语言去询问两个他不能看见的对象任意一串问题。这两个对象中的一个人是拥有正常思维的人（代号 B）、一个是机器（代号 A）。如果经过若干次询问以后，C 不能得出实质的区别来分辨 A 与 B 之间的不同，则此机器 A 通过图灵测试。然而，ChatGPT 的出现令图灵测试变得更容易了，人类正在探索更高级的智能形态。

那么，ChatGPT 是有意识的吗？人与机器的边界在哪里？不管机器有没有可能成为有思考能力的"生物"，一些神经科学家认为：人类其实没有自由意志，人很可能是一台机器。什么是自由意志？就是你的决定完全独立于你的过去、你经历过的一切，不被外部原因影响，不受任何因素控制。

本杰明·李贝特及同事进行了一项关于自由意志的脑神经实验，得到的结果是：在你意识到自己要按下鼠标的前几百毫秒，你的大脑神经元就已经发出了指令告诉你要按下去了。你按下的动作只是在执行之前的指令，你被那个信号所控制。你可能会认为神经信号也是自己发出的。可是，既然在你意识到之前就进行了决定，那么这个信号肯定就不是受你的意识控制的。它是由某些更低级的生物或者物理过程决定的。所以，一部分神经科学家认为：人只是一台机器，自由意志只是幻觉。《生命3.0》中提到，1.0版本的生命是以细胞为代表的简单生物阶段，硬件和软件都是靠进化获得的；2.0版本的生命是以人类为代表的文化阶段，进化决定了我们的硬件，但我们可以通过学习获得知识，升级"软件系统"；3.0版本的生命是以人工智能为代表的科技阶段，由碳基变成硅基，软件、硬件都可以升级，最终摆脱进化枷锁。那么，人类继续进化，下一步的生命形态会是人工智能吗？

逆转进化：手术刀

2020年10月7日，基因编辑领域的两位女科学家获得了诺贝尔化学奖，她们分别是加利福尼亚大学伯克利分校教授珍妮弗·杜德纳和德国马克斯·普朗克感染生物学研究所教授埃玛纽埃勒·沙彭蒂耶，获奖理由是她们发明了一种基因组编辑的方法，即生物学家耳熟能详的CRISPR-Cas9技术。

基因工程技术并不新奇，在20世纪70年代就开始出现了。但是，基因工程的问题在于不能随意改变我们想要改变的位点。但是，CRISPR-Cas9技术能够在人体的30亿个碱基对中发现发生错误突变的那个，并且把它替换成正常的碱基。有了这个技术，人类就能治疗很多遗传病，比如我们之前提到的镰刀型细胞贫血病，或者红绿色盲等。我们再也不用被动地等待进化，而是可以自主掌控自己的身体、自主创造我们演化的历史了。

但基因工程技术的应用如今也有不和谐的声音，例如贺建奎事件。他擅自更改了两个婴儿的基因，严重违背了伦理道德和国家有关规定。面对强大的工具，我们要大胆创新地提出想法，但也要以慎之又慎，伦理先行，严格守法的态度进行实践。

商业世界中的进化思想

"站在风口上，什么都能飞起来"，说的是要找对方向，顺着"自然选择"的方向，跟着大势走，把自己深度嵌入社会协作网络。企业发展要看准大势，"穿越"时间、"穿越"周期，判断未来发展方向，真正解决社会发展的痛点，这样企业才能获得更多的生存机会。比如，美国钢铁大王安德鲁·卡内基就是因为敏锐地捕捉到新一轮工业革命带来的红利而发家致富的。19 世纪60 年代，美国的钢铁生产经营极为分散，从采矿、炼铁到最终制成铁轨、铁板等成品，中间各个环节层层加码，致使最终产品的成本很高。卡内基深知传统钢铁企业的这些弊病，为了解决这些问题，他希望建立一个全新的、囊括整个钢铁生产过程的供、产、销一体化的现代钢铁公司。19 世纪六七十年代，卡内基认为在炼钢事业上大干一场的时机已成熟，于是将全部的资金集中到钢铁事业中来。1881 年，卡内基成立了卡内基兄弟公司，其钢铁产量占美国的 1/37。

在热带雨林中，林冠层住着巨嘴鸟（鵎鵼）、极乐鸟、金刚鹦鹉、鹰、隼等生物，林冠层下面住着毛猴、蛛猴、长臂猿等生物，再下层住着一些昆虫、小哺乳动物和真菌。这些不同的生物生活在不同的地方，有它们独特的生态位。这与处在市场环境中的各司其职的企业类似，每家公司都要找准自己独特的优势，在市场上占据不同的生态位，比如互联网企业中的 BAT，腾讯做社交，阿里做电商，百度做搜索，这就是从创始人的基因出发，找准自己生态位的打法。

腾讯创始人马化腾从进化和生态的角度观察思考，把腾讯的内在转变和经验得失总结为灰度法则，灰度法则包括需求度、速度、灵活度、冗余度、开放协作度、进化度、创新度这 7 个维度。用户需求是产品核心，这是企业被生态所需要的程度；快速实现单点突破，角度、锐度尤其是速度，是产品在生态中存在发展的根本；敏捷企业、快速迭代产品的关键是主动变化，主动变化比应变能力更重要；容忍失败，允许适度浪费，鼓励内部竞争内部试错，不尝试失败就没有成功；最大限度地扩展协作，把蛋糕做大而不是玩零和游戏；构建生物型组织，让企业组织本身在无控过程中拥有自进化、自组织能力；创新并非刻意为之，而是充满可能性、多样性的生物型组织的必然产物。

由此可见，商业世界的很多理论都能从生物学中找到答案。

第二篇　生物学的方法论：科学家是
如何思考问题的

第 5 章

生物学中的逻辑和非
逻辑思考方式

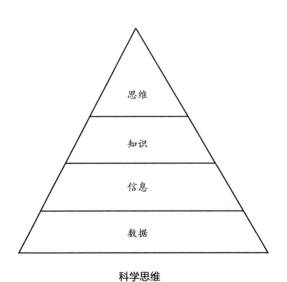

科学思维

世界瞬息万变，知识随时都在更新，一个人不可能把这个世界上所有的知识都背会、学会，但是我们可以掌握理解这个世界的方法论，以不变应万变，去应对这个世界的不确定性。世界运行的本质不会变，方法论是拨开纷繁复杂的层层表象后看到事物本质的路径，是看待和分析这个世界的根本对策，也是人们了解、认知和掌握一门学科的途径，是这个世界的唯一"确定性"。

生物学家是如何思考的呢？他们是如何正确解决问题的呢？前4章我们重点介绍了生物学的世界观，本章我们介绍生物学的方法论，即生物学家的思维方式。很多人认为发表在《自然》《科学》等期刊上的论文特别"高大上"。其实，高端期刊上发表的每篇文章研究的内容都不一样，每个科学家在研究过程中使用的研究手段也不同，但是科学家们思考问题的方式是相同的。本章我们就揭开科学家底层思维的神秘面纱。

古往今来，人们发展出了一套系统的逻辑思维方法，如演绎推理法、归纳推理法、类比推理法等，这些都是生物学家研究过程中常用的方法。其中，演绎推理法是从一般到特殊，例如：所有生物都由细胞组成，而草履虫是生物，那么草履虫就是由细胞组成的。归纳推理法是从特殊到一般，例如：小明家的猫喜欢玩毛线球，小花家的猫喜欢玩毛线球，小甜家的猫也喜欢玩毛线球，所以，许多猫喜欢玩如毛线球一样的移动物体。在归纳推理法中，科学家们广泛使用科学归纳法，去推测事物之间的因果关系。类比推理法是从特殊到特殊，能够让我们从事物的联系中发现内在规律，是科学发现不可缺少的思维方式。当然，除了逻辑思维方法外，还有想象力、创造性思维等不依靠逻辑的方法，它也是逻辑思维的重要补充形式，是创造力的源泉。

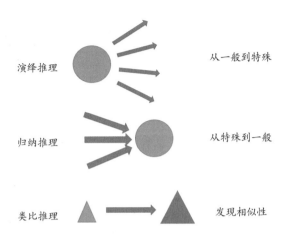

常见的三种逻辑推理方法

演绎推理法——从一般到特殊

演绎推理法就是运用一个现成的理论，通过逻辑推导形成判断。我们在解数学题时常用到演绎推理法，从已经知道的定理和公理出发，经过推导和计算，得到结果。

最基本的演绎推理法的逻辑是"三段论"的形式。

大前提：动物都有新陈代谢——这是要用的理论。

小前提：人本质上也是一种动物——这是理论的适用范围。

结论：人都有新陈代谢——这是对理论的运用。

大家应该都听说过伽利略与比萨斜塔的故事。古希腊的著名哲学家亚里士多德认为，重的物体下降速度快，轻的物体下降速度慢。这很符合当时大家的认识。铁皮从空中掉下来的速度就是比纸飞机快吧？没人觉得这是不对的。

但是，伽利略是一个有质疑精神的科学家。他觉得，亚里士多德可能是错的。不过，我们耳熟能详的比萨斜塔的故事不是真的。吴国盛老师在《科学的历程》这本书中谈到，据科学史学者的考证，没有任何证据能证明伽利略做过比萨斜塔这一实验。然而，不管真假，伽利略构造的这个思想实验能证明亚里士多德的说法是不对的。这一思想实验运用的就是"演绎推理"的方法。

假设小球 A 比小球 B 重，那么，按照亚里士多德的说法，小球 A 应该比小球 B 先落地。如果将小球 A 和小球 B 捆绑在一起，捆绑在一起的小球落地情况如何呢？按照亚里士多德的说法，捆绑在一起的重量比单独的 A、B 更重，那么，捆绑在一起的小球应该最快落地。但是，对小球 A 而言，在没有与 B 捆绑在一起时，小球 A 比 B 落得快，与 B 捆绑在一起后，B 应该减慢了 A 的速度。那么，A 和 B 两个小球捆绑在一起的落地速度应该介于小球 A 和小球 B 的落地速度之间，因此，捆绑在一起的小球不应该是最先落地的。这就出现了矛盾，仅仅从逻辑上推断，这个结果的相互矛盾就说明了假设一定是错误的。大家看，演绎推理是不是很有用？

经典的孟德尔豌豆杂交实验用到的也是演绎推理法的思想。19 世纪中期，孟德尔用豌豆进行了大量的杂交实验，在对实验结果进行观察、记录和进行数学统计分析的过程中，孟德尔发现：亲本正反交结果总是相同，F1 只表现出显性性状，F2 自交出现性状分离，并且一对相对性状的显性性状与隐性性状之比为 3∶1。他做了 7 对相对性状的实验，结果都是 3∶1，显然，这样的一致性并非巧合，其中一定有内在规律。于是，孟德尔通过严谨的推理和大胆的想象提出假说：生物性状是由遗传因子决定的，遗传因子成对存在，形成配子时，成对的遗传因子彼此分离，且配子中只含有每对遗传因子中的一个。

那么，他的假说对不对呢？要知道，一个正确的假说，不仅能够解释已知，而且能够预测未知。因此，根据假说，我们可以进行如下的演绎推理：如果假说成立，那么将 F1 与隐性纯合子杂交（称为测交），后代显性性状和隐性性状的比应该是 1∶1。接着，他只需要真正地按照上述的测交方式，把豌豆种到地里，等收获后，数一数高茎和矮茎豌豆植株的数目到底是不是 1∶1，就能判断假说是否正确了。这就是"演绎推理"的过程，为揭示遗传学定律起到至关重要的作用。

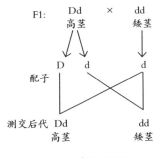

演绎推理

如果杂合子只有两种配子，且两种配子之比是 1∶1，那么杂合子测交后代之比是 1∶1

高茎∶矮茎 =1∶1

运用演绎推理法推理出孟德尔的分离定律

人们在"讲道理"时，很多时候是在运用演绎推理法的思维来说话。我们在学习科学知识、理论的过程中，在很大程度上涉及了演绎推理法的学习和应用，这能帮助我们提升举一反三的能力。

然而，演绎推理法是否有效，取决于论证的结构，即大前提、小前提和结论组织结构的有效性。至于什么是有效的，这个问题比较复杂，感兴趣的读者可以参见《逻辑学导论》一类的书籍。为了理解起来方便，我给大家举两个例子，大家可以预先判断一下论证 A 和论证 B 哪个是有效的。

论证 A

（1）所有的人都要呼吸。

（2）王小明也要呼吸。

（3）所以王小明是人。

论证 B

（1）所有的哲学家都是外星人。

（2）王小明是哲学家。

（3）因此，王小明是外星人。

粗看上去，大家会觉得论证 A 是对的，论证 B 是不对的。然而，与直觉恰恰相反，论证 A 是无效的，论证 B 才是有效的。先说论证 A。确实所有的人都要呼吸，但不是只有人类要呼吸。所有的动物都要呼吸，植物也有利用氧气的呼吸反应。所以，尽管论证 A 的前提和结论都是正确的，但这不过是碰巧正确，不是从前提必然能够推导出来的结论，因此论证 A 是谬误的。再说论证 B。尽管论证 B 的前提不正确，但是，根据逻辑推导，其论证结构是有效的（类似于上文提到的新陈代谢的那个论证结构），所以，结论虽然看起来很荒谬，但是论证过程是有效的。

大家看，这就是逻辑思考的力量。它让我们的思维慢了下来，却让我们更加理性，让我们从复杂的事物中辨别真伪、判断真假。就像著名的英国生物学家刘易斯·沃尔伯特说的：几乎所有的科学都要公然地违反我们的常识，演绎推理法就是这样一个有力的工具。

归纳推理法——从特殊到一般

归纳推理法是在没有理论基础的情况下，从一些事实出发，自己去总结理论和规律的过程。归纳推理法分为完全归纳法和不完全归纳法。完全归纳法就是把某类事物都有的属性推理出来。比如数学上的穷举法就是完全归纳法。我们在归纳氨基酸通式的时候，是把 21 种氨基酸的分子式列出来后，总结其共性得到了通式。不完全归纳法又分为简单枚举法和科学归纳法。比如，人们在买葡萄的时候，想要知道葡萄甜不甜，通常会从一串中先摘几颗葡萄尝一尝，如果这几颗葡萄很甜，就会认为这一串葡萄都很甜，就可以放心购买，这其实就是在运用不完全归纳法。科学归纳法通常用来证明事物之间的因果关系，后面有一小节专门讲科学归纳法。

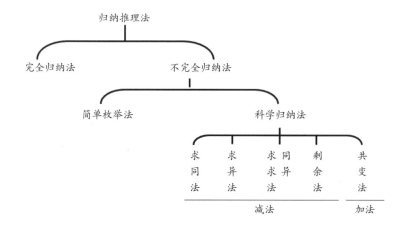

归纳推理法

你有没有听过这样一个故事，农场里有群火鸡，农场主每天上午 11 点来喂食。在火鸡中，有位"火鸡科学家"观察了近一年，发现农场主没有一天例外，于是宣布发现了宇宙一个伟大定律："每天上午 11 点，会有食物降临。"但在感恩节那天，上午 11 点，食物没有降临，农场主将它们捉去杀掉，把它们变成了食物。这个故事最早是由著名的英国哲学家伯特兰·罗素提出的，被称为"罗素的火鸡"，用来讽刺归纳主义者通过有限的观察得出自以为正确的规律性结论。

从这个例子我们可以看出，归纳推理法的结论并不一定是对的。A 地的天鹅是白色的，B 地的天鹅是白色的，C 地的天鹅是白色的，因此天鹅全是白色的。所有的天鹅都是白色的吗？这当然是有问题的，因为黑天鹅也是存在的。

所以，归纳推理法得出的都是猜想，而不是公理。比如著名的"哥德巴赫猜想"。哥德巴赫从无数的实例中"归纳"出一个猜想，即任一大于 2 的偶数都可写成两个质数之和。300 年后的今天，虽然计算机已经验证了 4×10^{30} 以内的所有偶数都符合猜想，但因为没有被演绎推理法证明，所以它仍然还是猜想而不是公理。

既然归纳推理法只能得出猜想，是不是就没有用了呢？实际上，归纳推理法在历史上的作用超乎想象。我们几乎所有的知识，都始于用归纳推理法建立的猜想，之后再用演绎推理法严谨地证明。比如，牛顿从无数次实验中归纳出了"牛顿三大定律"；经济学家们从人们的交易现象中归纳出了"供需理论"；达尔文从鸟类的不同喙形推测它们起源于同一种鸟类，并大胆地提出了进化论。可以说，没有归纳推理法就没有演绎推理法，没有猜想就没有证明。

归纳推理法在生物医学中经常使用。在芬兰，心脏病在东部的发病率高于在西部和南部的发病率。为什么会有这样的差异呢？是个人生活方式导致的还是基因因素导致的呢？研究人员在 3 个不同年份中进行了调查，总共调查了 18946 名年龄在 35 岁至 74 岁的人的心脏病的发病率与他们生活环境中水的硬度（与矿物质含量相关）的关系，发现了水的硬度与心脏病发病率有关。水的硬度越高，心脏病的发病率就越低，因此，水的硬度与心脏病的发病率呈负相关。这个例子就是通过归纳推理法证明了饮用富含矿物质的水对降低心脏病发病率具有一定的作用。

归纳推理法是通过现象提出猜想或理论，演绎推理法是通过猜想或理论证明定律。虽然这两种方法都有不足之处——使用演绎推理法可能会高估理论的适用范围，进行不准确的推导；而使用归纳推理法可能因为不完全的事实得出片面的规律，导致结论并不一定正确——但是，归纳推理法和演绎推理法对于我们认识这个世界而言都是非常重要的。我们应该将两种方法结合起来，让归纳推理法帮助演绎推理法进行实验验证，让演绎推理法帮助归纳推理法寻找规律的发生机制。

用科学归纳法进行因果推理

科学归纳法作为归纳法中最重要的一种方法，被科学家们广泛地采用，用于证明事物之间的因果关系。生物学中最希望解决的问题就是证明事物之间的因果关系，了解事物发生的原因，从机制上去解释某个现象，从而帮助人们改造自然和利用资源。

2000 年诺贝尔生理学或医学奖获得者卡尔森说："要证明一种自然成分

的功能，按照生理学传统方法，就是去除该种成分并证明其功能也随之丧失；然后再引入该成分，并证明其功能又可以恢复。"这就是了解事件 A 和事件 B 之间因果关系的严谨的逻辑论证方式，我通过表 3 给大家展示一下这种思维方式。

表 3　因果关系的逻辑论证方式

步骤	操作方法	表达式	逻辑关系
第 1 步	A 发生，B 也发生	A 与 B 相关	相关性
第 2 步	去掉 A，B 不会发生	¬A → ¬B	必要性
第 3 步	加上 A，B 又发生	A → B	充分性

例如，要证明 X 因子导致了糖尿病。研究思路通常是：（1）首先证明相关性，只要有 X 因子，就会有糖尿病发生，两者高度同步。（2）然后证明必要性，去除 X 因子，就能阻止糖尿病的出现。这是做减法。（3）最后证明充分性，在第二步去除 X 因子的系统中添加 X 因子，就会再次导致糖尿病。这是做加法。综上，证明 X 因子是引起糖尿病的原因。

这里要注意的是，**相关性不等于因果性**。错把"相关"当"因果"是推理中常见的一个误区。相关关系是客观现象中存在的一种非确定的相互依存关系，即对于自变量的每一个取值，因变量受随机因素影响，与其所对应的数值是非确定性的。相关分析中的自变量和因变量没有严格的区别，可以互换。具有较强的相关性是具有因果关系的一个必要但不充分条件，当在两个具有较强相关性的变量之间排除虚假关系的可能性后，就可以确认这两个变量之间具有因果关系，所以具有因果关系必定具备相关关系。例如，"吸烟导致肺癌"这一结论是正确的。但是，吸烟不是导致肺癌的充分条件，因为确实有吸烟时间很长但也没有患上肺癌的情况；吸烟也不是导致肺癌的必要条件，因为很多肺癌患者是在没有吸烟的情况下患病的。吸烟只是一个可能导致肺癌的因素。

上述因果关系的逻辑论述方式是生物学实验中的通用底层逻辑，小到平时做的实验，大到刊发在《自然》《科学》的论文以及很多大科学家的研究成果，都运用了这一思考方式。

我们以胆固醇的研究为例来介绍这一因果论证的逻辑。人体既可以从食物中获取胆固醇，也可以依靠自身细胞合成胆固醇。1968 年，当时还是年轻实习医生的迈克尔·布朗和约瑟夫·戈尔茨坦为一位罹患脂肪瘤的 6 岁患者诊治，他们发现患者血液内的胆固醇含量是正常人的 6 倍以上，被称为高胆固醇血症患者。是什么导致了患者血液内的胆固醇含量升高呢？这两个年轻的医生为了探寻病因，开展了科学研究。人体内的胆固醇"主要"是由肝脏细胞合成的，但人类的表皮细胞也能够合成胆固醇，而且这一表皮细胞在体外更容易培养。

于是，这两位医生就用表皮细胞作为实验材料。他们分别选择了正常细胞和高胆固醇血症患者的表皮细胞进行培养，在常规培养条件下，正常细胞的胆固醇合成速率低，而高胆固醇血症患者的表皮细胞的胆固醇合成速率高，这符合常识。当这两位医生把培养液中的血清去除后，他们发现正常细胞中合成胆固醇的速率升高了，这说明血清里有一种物质能阻止胆固醇的合成。这种调节方式属于负反馈调节，科学家通过"做减法"发现了血清中的某种物质对胆固醇的正常合成具有重要的作用，证明了必要性。

血液中有两类可以转运胆固醇的蛋白质，像一个大卡车，可以帮助不溶于水的胆固醇进行转运。一类是低密度脂蛋白（low density lipoprotein，LDL），负责将合成的胆固醇通过血液运往身体其他地方；一类是高密度脂蛋白（high density lipoprotein，HDL），负责从血管壁上回收清理胆固醇。那血清中的这种物质会不会是 LDL 或者 HDL 呢？这两位医生做了相关的实验，将 LDL 加入去除血清的培养基中，结果发现正常细胞的胆固醇合成速率果然下降了，如表 4 所示。这是一个典型的加法实验，证明了充分性，这说明：确实是 LDL 对胆固醇的合成发挥了重要的调控作用，高胆固醇血症患者体内可能是 LDL 出了问题。

表 4　LDL 调节胆固醇的合成速率

分组	胆固醇合成速率	
	正常细胞	高胆固醇血症患者细胞
常规细胞培养条件（对照组）	低	高
去除培养液中血清成分（实验组 1）	高	高
在无血清培养基中加入 LDL（实验组 2）	低	高

类比推理法——发现相似性

类比推理就是在两个没有关系的事物之间找出相似性。类比是人们认知事物的一种重要方法。人们认识事物的过程，往往是在已有认知的基础上一步一步试探着摸索前进的，每一步的试探和摸索都要以已有的知识为立足点。人们为了将未知变为已知，往往借助类比的方法，把陌生的对象和熟悉的对象进行对比，把未知的东西和已知的东西进行对比，这样可以给人们启发思路、提供线索，起到举一反三和触类旁通的作用。就像康德所说："每当理智缺乏可靠论证的思路时，类比这个方法往往能指引我们前进。"

我们平时说的举一反三其实就是类比思维的一种应用。有的孩子在学语文时，对于某一个字，在课本上认识，换个地方出现就不认识了；在学数学时，例题会做，题目稍微有点变化就不会了。这是因为孩子没有从本质上掌握知识点。类比是一种高级的思维，要求我们能够对事物进行抽象和比较，抓住本质。

类比最重要的作用就是帮助科学家提出假设。16 世纪末，年轻的开普勒虽然知道哥白尼提出的行星绕着太阳转的日心说，但是他希望解释清楚为什么是这个样子的。开普勒通过研究观测数据发现，行星距离太阳越远，它的运动速度就越慢。这是为什么呢？当时的主流思想认为，行星之所以会在天上运动，是因为它们背后都有一个"小精灵"在推着它们走。开普勒觉得这种想法有点荒谬，难道距离变远，"小精灵"的力气就变小了吗？开普勒于是类比生活中有什么东西是距离越远，强度越弱。他首先想到的是热量。距离一个火炉越近，它的热量就越强，越远就越弱。那是不是太阳发出的光和热在推动行星运动呢？他否定了这个类比，因为他知道在出现日食的时候，太阳的光和热被挡住了一些，可是地球的运动没有发生任何变化。开普勒还设想也许宇宙空间中遍布着某种"水流"，以太阳为核心形成了一个漩涡，而行星是在漩涡中旋转的，但是细想也不对。当时有人在研究磁力，于是开普勒猜想，是不是太阳对行星有一种牵引力量，行星越大，那个牵引力量就越强？当时，离牛顿提出"万有引力"的概念还有约百年的时间，开普勒仅仅通过类比推理的方法就获得了这样的认识。

美国研究生入学考试（GRE）考题中有一类题目专门考类比，题目类似于"西瓜：红色＝西蓝花：＿＿＿＿"。这道题很简单，做出来很容易，答案是"绿色"，考的是物体和颜色的关系，是一个典型的类比。类比要求我们发现事物之间的共同点，要求我们理解事物的属性与事物本身是什么关系，要求我们具有透过事物表象看本质的能力。人们经常拿人类社会内部的竞争与自然界的竞争进行类比：瑞·达利欧就把公司的竞争和创新与物种演化进行类比；凯文·凯利也把技术的演化路径与生物的演化进行类比；道金斯发明了"模因（Meme）"一词来解释人类文化的传递，这也是与遗传基因在做类比……

非逻辑方法：想象力和创造性思维

非逻辑思维是指不受固定的逻辑规则约束，不依赖于经典的演绎、归纳逻辑，也没有严格的推理证明过程，直接根据事物所提供的信息进行综合判断的一种思维方式。

非逻辑思维方法包括直觉、想象、灵感、顿悟等，它不像逻辑思维那样需要构建公理化的系统，但与逻辑思维具有同等重要的意义。爱因斯坦说："想象力比知识更重要，因为知识是有限的，而想象力概括着世界的一切，推动着进步，并且是知识进化的源泉。"联想和想象对科学发展具有重大的促进作用。联想是由所感知或所思考的事物、概念或现象刺激，而想到其他与之相关的事物、概念或现象的思维过程。例如，达尔文在看完《国富论》之后受到启发，联想到自然界中"看不见的手"是自然选择，从而提出了进化论的思想。想象是对储存在大脑中的知识、经验、方法和现存研究对象进行思维组合，创造出新意象的思维活动。比如，卢瑟福提出的原子模型，其实是在太阳系模型的基础上创造的一种新意象。又比如，科学家提出酶和底物的

"钥匙－锁"模型，也是一种想象，让人们把科学模型与日常可认知的事物联系起来，从而理解酶的工作原理。

"尤利卡效应"和"啊哈"瞬间体现了创造性思维。科学家头脑中突然闪现出有可能指向问题解决方案的神奇念头；复杂的数学和天文学问题的精妙答案；苯环像衔尾蛇一样首尾连接的想法；伟大的戏剧、小说、音乐的创作，艺术博物馆中流芳千古的艺术作品的诞生……都是创造性思维的结果。创造性思维是通过意识和潜意识的组合实现的。通常来说，经过一段持续时间较长的有意识地学习、工作之后，潜意识中酝酿出的新想法或新发现会被带到意识层面，供我们审视、验证、应用。在大脑处于闲置状态的时候，大脑会在过去和未来之间建立连接，这种连接正是创造力的来源。

PCR（聚合酶链反应）是生命科学领域中一个非常基础的技术，能够将微量的 DNA 在体外进行大量地复制。无论是在刑侦过程中用于检测嫌疑人的毛发、血迹，还是协助医生进行疾病诊断，都是 PCR 技术的重要应用。

PCR 的技术原理其实不难，就是模拟体内 DNA 的复制过程，使 DNA 的数量以几何级方式增长，而这一技术的出现，依靠的就是发明人穆利斯的创造性思维。在他的自传《心灵裸舞》中，穆利斯谈到了 PCR 这个构想的起源。1983 年春天的一个周五晚上，他开着车带着女友前往乡间小屋过周末，在蜿蜒的乡间小道上行驶时，眼中公路突然变成了 DNA 的样子。此时的他突然联想到，公路的不断延伸就像是 DNA 的不断延伸，那么，DNA 在体外的复制不也就像公路的不断延伸一样吗？

他原本以为这样简单的想法应该很多人想到过，但搜索文献后发现，居然从来没有人提出过。同年 8 月，他在公司内部做了一个有关 PCR 原理的报告，其他同事听后却反应冷淡——大家认为，这么简单的原理，如果可行的话，一定早就有人做过了，之所以没人做过，里面肯定有很多不为人知的问题。穆利斯没有因他人的看法而放弃，并着手验证自己的想法，但是他没有分子生物学的技术背景，所以，一直都没有验证成功。1984 年，穆利斯所在公司派了技术员协助他做此实验，结果在 1984 年 11 月取得了可信的结果。这个技术的发明具有跨时代意义，《纽约时报》当时高度评价了这一创新："生物学可以分为 PCR 前时代和 PCR 后时代。"1993 年，穆利斯也因为发明了PCR 技术而荣获诺贝尔奖。

那么，创新就一定是天才人物的灵光乍现且可遇而不可求吗？其实，这是对创造性思维的误解。创新总是属于有准备的人。创造性思维并非没有事实基础的胡思乱想，而是扎根于科学认识之中、研究积累到一定程度的综合，是对某一问题进行长期思考后的短暂放松中，受到生活中某些原型或话语启发得到的瞬间灵感。穆利斯在发明 PCR 前，是西特斯公司的职员，专门负责为公司合成寡核苷酸。在工作中，他一直认为公司的合成效率和产量都不够好，如何优化寡核苷酸的合成是他脑海里一直思考的问题，经过了长期的思考过程，这才有了后面 PCR 的发明。所以，我们平时要多读书、多思考，才能有创造性思维的产生——机遇只属于准备好的人。

生物学思维方式与其他学科思维方式的区别是什么

我们了解一门学科的时候，除了要知道它是什么，另外一个非常重要的认知角度是要知道它不是什么。所以，理解生物学与数学、物理学等学科之间的不同，有助于提高我们对生命科学的理解和认知。

　　生物学不同于物理学。虽然两者都属于科学，但是两者认知世界的方式是非常不同的。经典物理学通常认为一切是可设计、可控制、可预测的，所有东西都可以被统一起来，可以通过一组简单而优雅的公式来简化世界的多变性和多样性。但是，生物系统复杂多变，而且经由历史的演化使得新功能叠加在旧功能上，有时候微小的干扰可能会导致出现灾难性的后果。

　　2007 年，丰田汽车在美国出了一次重大事故，有一辆汽车在行驶中刹车失灵，突然加速，最后致人死亡。事后，丰田请来专家调查原因，查来查去，发现是汽车软件出了问题。但由于丰田发动机软件系统过度庞大、非常复杂，没有办法把事故责任明确地归咎于某个设计环节或程序。这次事故体现了"VUCA 时代"的复杂性［Volatility（易变性）、Uncertainty（不确定性）、Complexity（复杂性）、Ambiguity（模糊性）］。很多系统的复杂程度空前地提高了，出现问题时，有时可能既搞不清楚原因，也找不到罪魁祸首。而解决这种复杂性，需要用到生物学的思维方式。比如，制造冗余，昆虫、鱼等生物就是通过冗余规避风险，它们大量产卵，虽然卵的存活率低，但是因为量大，所以物种依旧可以延续。在飞机设计中，只装一个发动机风险较大，出现故障较难及时排查原因，那就装多个发动机，这么做不是浪费，而是用冗余来应对复杂的一种方法。再比如，修正错误。物理学的办法是先搞清楚原理，再改正错误，正本清源。而生物学的方法呢？在各种环境突变中，只要能生存下来就已经足够优秀，是适者生存的结果，至于是不是已经完全没有错误，生物学并不关心，而且也不重要。生物学的方法是应对复杂问题的不二法门。

生物学也不同于数学。数学在其自身框架内体现了绝对性、永远正确性、纯逻辑操作的特点。因此，我们原则上可以把圆周率计算到任何一位，只是想不想算而已，将来不管谁去算，结果都是一样的。数学是用逻辑方法研究数学对象的学问。而逻辑推导的正确性依赖于对数学公理、定义和逻辑推理规则的严格遵循。而生物学中的知识来自经验或者实验，所以结论不一定是完全正确的。比如说，我们今天看到太阳从东边升起，明天看到太阳从东边升起，每天都是这样，于是我们就可以把这个经验归纳成一个知识——太阳从东方升起。这个知识很可靠，但不是绝对正确——也许哪天我们要实施"流浪地球计划"，在别的星球，太阳也许就不会从东方升起。科学讲证据，证据是永远也搜集不全的，所以你不可能保证科学知识的绝对正确。科学不是正确的代名词，前人的结论被后人推翻是经常发生的事情。所以，生物学中不谈绝对的真理。

生物学也不同于社会科学。社会科学提供的是解释性框架，不同的学者可能会对相同的事实给出大相径庭的解释性框架。例如面对金融市场，经济学家尤金·法马认为市场是有效的，而经济学家罗伯特·希勒却坚决反对市场有效理论，这两个人还同时获得了 2013 年的诺贝尔经济学奖。那到底谁是对的呢？不好说，解释性框架有一定道理，也有其约束条件，某个理论的假设可能会受其他因素的影响。但生命科学不同，虽然面对同一种现象也可能有不同的解释，但终归可以用实验的手段去验证假设正确与否。

第三篇　生物学的科学实践：科学家是如何做科研的

第 6 章

生物学研究中常用的
方法

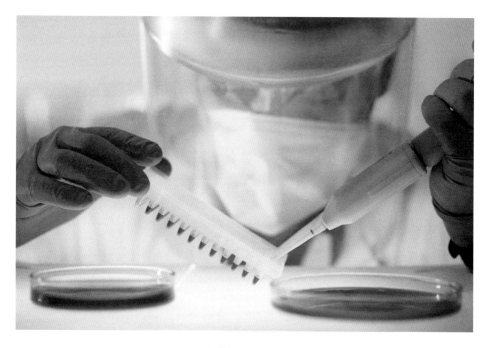

实验法：检验真理

生物学的研究过程与其他自然科学研究一样，都是认识客观事物、探索未知规律的过程。常用的生物学研究方法有观察法、调查法和实验法。

法国著名生理学家贝尔纳说："良好的方法能使我们更好地发挥运用天赋的才能。"本章，我们就重点介绍一下这些科学研究的实践操作方法。

观察法崇尚眼见为实。从胡克用显微镜看到第一个软木切片的死细胞，到弗莱明细心地观察到青霉菌，再到现代电子显微镜的发明，人们观察物体的分辨率从仅凭肉眼观测的厘米量级发展到了借助先进设备才能观测到的 10^{-10} 米的量级，因此我们现在可以在原子和分子水平上认识事物。

调查法强调使用数据说话。生态学家到野外进行考察，想要了解一个地方的植物或者动物的种群数量时应怎么办？不可能一个个去数。这就要用到我们常用的样方法、标志重捕法等调查方法。遗传学家想要了解某种疾病在人群中的发病率，不可能把全世界约 80 亿人全都问一遍。这就要用到随机抽样调查的方法。

实验法是生物学的重要研究方法之一。生物学是一门实验科学，各个高校、研究所里的生物学家往往要有自己的实验室才能开展研究。科学家在实验室中，用各种各样的模式生物，模拟生命过程，理解生命的本质。那这些看起来很酷的科学家，都是如何开展实验研究的呢？实验研究有一套固定流程，它始于科学问题，根据科学问题提出假设，然后遵循对照原则、单一变量原则等原则设计并进行实验，通过对实验结果的数据分析验证假设的正确性。如果与预期相符，说明假设正确，就能得出结论。如果与预期不符，就再重新提出假设，再设计实验进行验证，直到得到正确的结论。

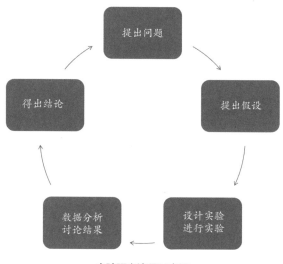

实验研究流程示意图

观察法：眼见为实

1928 年，英国科学家弗莱明在一次度假前把所有细菌培养基全部堆在了实验室角落的长椅上。结果，度假回来后，他发现其中一个培养基不慎被霉菌污染了，霉菌周围一圈的葡萄球菌都被杀死了。当时，卫生条件不是很好，培养基被污染这种情况其实很常见，大部分的研究人员会把异常的培养基丢掉，只有弗莱明说出了一句很著名的话："这很有趣啊！"弗莱明认为，霉菌分泌了一些可以杀死葡萄球菌的物质。于是他趁热打铁，小心翼翼地提取了培养基里的霉菌，对它们进行纯化培养，后来发现这些霉菌其实就是青霉菌。弗莱明这一独特的观察，使他发现了青霉素。

在 20 世纪之前，大多数科学家采用肉眼观察的方法来进行研究。纵观生物学的发展，其实就是观测分辨率不断提高的过程。换句话说，分辨率是打开一个新研究层次的钥匙。

早期，亚里士多德对植物做了分类整理。在当时的人们看来，生物是一个整体。之后，借助解剖学，人类开始了解生物的内部构成，知道人不是一个简单的整体，而是由很多复杂的器官构成的，不同的器官有不同的功能。希波克拉底就是解剖学的鼻祖。然而，由于人的肉眼分辨率有限，对各个器官的研究已经是当时人类探索的极限了。再小的东西，到细胞这一尺寸，人类肉眼根本发现不了。到了这个阶段，生物学的突破就在很大程度上依赖于更高分辨率的观察仪器。由于感官有一定的阈值和灵敏度，人眼能看到的可见光的波长范围是 380 ~ 780nm，能看到的物体的极限尺寸通常是探测波长的 1/2，也就意味着人类可以看到的最短物体约是 190nm，所以观察起来具有一定的局限性。为了能看到更小的物体，人们发明了光学显微镜，借此可以看到植物细胞、细菌甚至像叶绿体一样大小的细胞器。

1665 年，英国科学家罗伯特·胡克在用他的显微镜观察软木切片的时候，惊奇地发现其中存在着一个一个"单元"结构，胡克把它们称作"细胞"。其实他看到的只是死去的植物细胞的细胞壁。荷兰的贸易商与科学家列文虎克由于对放大镜特别感兴趣，自制了显微镜去观察细菌和原生动物这些"非常微小的动物"，他是人类历史上第一个用放大透镜看到细菌和原生动物的人。自此之后，显微镜制造技术和显微观察技术得到了迅速发展，并为 19 世纪后半叶科赫、巴斯德等生物学家和医学家发现细菌和其他微生物提供了有力的工具。

然而，人们并不满足于仅仅看到这些东西，人们还想知道蛋白质、核酸等在分子和原子层面上的、大小为几纳米到几十纳米物质的结构，这个时候光学显微镜就力有未逮了。为了清楚地看到更高分辨率的结构，科学家发明了 X 射线晶体衍射、电子显微镜和核磁共振等技术，它们可以在原子水平上直接探测物质的结构。分辨率反映了物质结构的清晰程度，分辨率越高，意味着看到的物质结构就越精细。在分辨率高的情况下，例如在 0.1nm，密度图上每一个原子的位置都能被分辨得清清楚楚；将分辨率降低到 0.3nm 时，具体原子的位置需要靠经验推断得出；将分辨率降低到 0.5nm 时，就无法推断出具体原子的位置了。

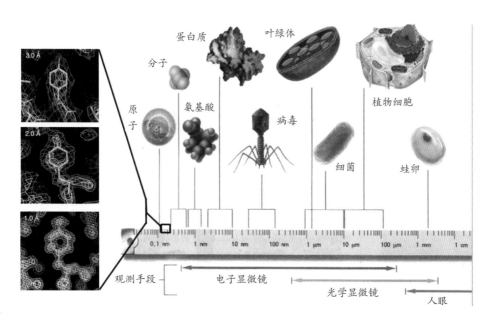

不同观测手段的分辨率

电子显微镜技术产生于 20 世纪 30 年代，主要用于观察物质的精细结构，一般分为透射电镜和扫描电镜两种。透射电镜与光学显微镜的成像原理类似，通常用来观察在光学显微镜下无法看清的小于 0.2 μm 的亚显微结构或超微结构。它用电子束作为光源，用电磁场作为透镜，用超薄切片机将标本制成厚度约为 50nm 的超薄切片进行观察。扫描电镜主要利用二次电子信号成像技术来观察样品的表面形态，利用样品表面材料的物质性能对其进行微观成像。

在 20 世纪后半叶，电子显微镜逐渐被用于生物材料和生物大分子的结构研究。但是由于生物样品无法承受高能电子束的巨大能量，冷冻电子显微镜（简称冷冻电镜）成为研究生物样品最常用的电镜成像方法。这种方法是将样品在超低温（一般为液氮温度，约 -196℃）条件下速冻之后进行成像和三维结构分析。从 1968 年艾朗·克卢格创立电镜三维重构理论以来，人们整整用了 40 年时间，2008 年才第一次用冷冻电镜技术获得近原子分辨率结构，具有正二十面体对称性的病毒颗粒结构的解析标志着这一技术进入了原子分辨率时代。但由于软硬件的技术限制，冷冻电镜成像仅适用于病毒颗粒、核糖体等具有超大分子量的生物样品，因此一直不是高分辨率结构生物学的主流手段。然而，这种情况在 2013 年发生改变，近年来，冷冻电镜在结构生物学领域屡建奇功。很多科学家用冷冻电镜技术解决了原来不曾解析的近原子分辨率的蛋白质结构。2017年度的诺贝尔化学奖颁给了冷冻电镜领域的 3 位杰出的科学家——雅克·杜本内、乔基姆·弗兰克和理查德·亨德森，以表彰他们对冷冻电镜技术的发展和在生物大分子结构解析方面的应用作出的卓越贡献。

调查法：数据说话

调查法是生物学研究常用的方法之一。根据不同的标准，调查法有不同的分类。根据调查的目的，可以分为常模调查和比较调查；根据调查的内容，可以分为全面调查和抽样调查；根据调查的范围，可以分为综合调查和专题调查；根据调查对象的性质和调查工作的方式，又可以分为访问调查、问卷调查、个案调查和文献调查等。

调查要明确调查目的和调查对象，制订合理的调查方案。在调查过程中，有时因为调查的范围很大，就要选取一部分调查对象作为样本。在调查过程中要如实记录，对调查的结果要进行整理和分析，有时要用数学方法进行统计。调查法具有适用性广、效率高、范围广、形式灵活、手段多样等特点，但是也有不足之处。调查是对现状的考察，不是通过实验改变变量进行判断，所以不能确定现象之间的因果关系。而且，调查结果的可靠性往往依赖于被调查者的合作态度与实事求是的精神，被调查者常常可能出现主观偏差，有意无意地加入自己的主观臆想或者偏见，而研究者往往难以控制这一点。

在生态学研究中，常常运用调查法。比如，在一片草原上有一大群羊，你想迅速确认这群羊有多少只，用什么方法最快呢？大家可以看下页中的图，我们并不知道羊的总数有多少。先从这群羊里捕捉出 12 只羊，然后在这 12 只羊身上都涂上红色油漆，注意不能掉色，要保证在下雨时油漆不被冲掉。然后把它们全部放回原种群中，让它们自由活动，均匀扩散在羊群中。再捕捉 10 只羊出来，数一下在被捕捉的这 10 只羊中有多少只羊身上是有红色标记的。假如在重新捕捉的这 10 只羊里面有 4 只羊是被标记的，就可以推算出原来的羊群中一共有多少只羊。

通过推算，羊群数目约 30 只。计算很简单，列一个式子就可以了。假设将该种群个体总数标记为 N，其中标志数（重捕前放回的标记个体数）为 M，重新捕获的个体数为 n，重捕个体总数中被标记的个体数为 m，那么它们的比例应当是一致的，即 $m:n=M:N$，所以相当于 $4:10=12:?$，通过简单计算就可以知道总数为 30。这种方法比较适用于进行大型的动物数量统计，比如牛、羊等数量的统计。

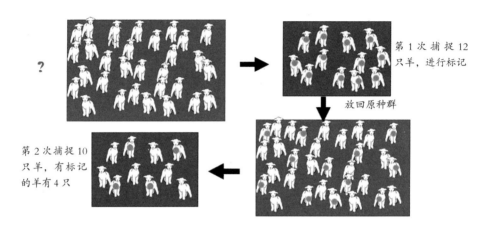

第 1 次 捕 捉 12 只羊，进行标记

放回原种群

第 2 次捕捉 10 只羊，有标记的羊有 4 只

标记重捕法

小动物由于比较难进行身体标记，所以很难采用标记重捕法。那应该如何统计小动物数量呢？植物不能随意跑来跑去，没有办法捕捉后再放回，那植物的数量应该如何统计呢？对于植物和小动物，人们会采取另外一种方法，即样方法。样方法是指在被调查种群的分布范围内，随机选取若干个样方，通过统计每个样方内的个体数，求得每个样方的种群密度，以所有样方种群密度的平均值作为该种群的种群密度估值。

样方法分为五点取样法和等距取样法。比如，我们可以划定一个方形区域，在该区域四周和中心分别选取 5 个点，在这 5 个点上进行取样，测量出每个点的种群数量，然后再对这 5 个点的数量取平均，以此估计区域内种群的数量。五点取样法适用于被调查的植物个体分布比较均匀的情况，以及昆虫卵和蚜虫、跳蝻等活动范围较小、活动能力较弱的动物。如果被调查的总体为长条形分布时，例如，对于山边的河流、马路边的小草等，可用等距取样法。

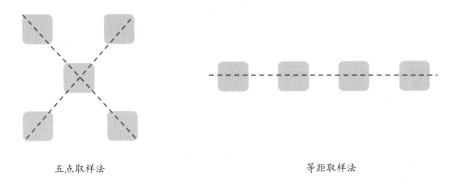

五点取样法　　　　　　　　　　　　　等距取样法

样方法

对人类遗传病的分析也常采用调查的方法。例如，调查红绿色盲、白化病、高度近视（600 度以上）等群体中发病率较高的单基因遗传病的发病率，就可以通过在人群中采用随机抽样调查的方式进行。某种遗传病的发病率=（某种遗传病的患病人数 / 某种遗传病的被调查人数）×100%。对遗传病发病率的调查有助于我们了解疾病，建立疾病诊断、治疗的大数据库，从而达到有效防治的目的。

实验法：检验真理

实验法是现代生物学研究的重要方法，利用特定的器具和材料，通过有目的、有步骤的实验操作和观察、记录分析，得出或验证科学结论。科学探究一般分为下述步骤，即提出科学研究问题→提出科学研究假设→设计实验和进行实验→记录实验结果、进行数据分析→得出实验结论、阐述结论。

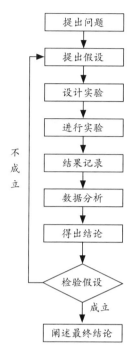

科学探究的一般步骤

科学探究始于科学研究问题的提出，提出要研究的问题的过程就是确定实验目的的过程。科学研究问题来源于学习、生活或人生经历中产生的疑惑。提出科学研究问题不是一件容易的事情，需要有明确的目的，而且注意：科学研究问题与现实生活中的难题是不一样的。比如，小明同学发现他养的小鱼死了，他想知道如何才能让小鱼存活更久？这对小明来说是个难题。但是，难题不等于问题，他需要把这个难题拆解成"什么因素导致小鱼死掉了""用什么方法可以更好地让小鱼存活"这样的问题，这才是一个科学研究问题。

提出问题后，我们要对问题进行假设，然后才能进一步去推进实验。在小明同学养鱼的这个例子中，我们可以提出的假设有"光会影响小鱼的存活率""氧气会影响小鱼的存活率""小鱼的代谢废物会导致小鱼死亡"等，这些假设是对问题的回答，是根据前人的经验和科学知识给出的可能性答案。这种回答不一定是对的，所以需要通过后面的实验进行验证。但这种回答一定不是凭空产生的，必须有一定的事实基础。比如，DNA 双螺旋模型其实就是生物学上一个著名的假说。20 世纪 40 年代，科学家通过一系列实验证明了 DNA 是主要的遗传物质。但是，一直困惑科学家的问题是：DNA 到底具备什么样的结构才能执行作为遗传物质的功能。沃森和克里克根据一些已有的数据认为，DNA 是双螺旋的结构，并且把他们的假设发表在《自然》杂志上，这一假设的提出使他们名垂青史。

设计实验的过程是整个科学探究的核心环节。在设计实验的过程中，一定要紧紧围绕实验目的展开，注意实验的自变量、因变量和对照组的设计。比如，我们想要知道胆汁对脂肪有什么作用，那我们就可以设计实验。取两支试管，编号为 1 号和 2 号，各注入 2mL 的植物油（植物油也是脂肪的一种）。然后在 1 号试管里加入 6 滴新鲜的胆汁，在 2 号试管里加入 6 滴新鲜的清水。把两支试管晃一晃，让加入的胆汁和清水分别与植物油充分混合均匀，之后静止观察试管内植物油的变化。在实验中，必须设立对照组，加入胆汁的 1 号试管是实验组，加入清水的 2 号试管是对照组，如果没有 2 号试管的"清水不能分解植物油"的对照，我们不能确定 1 号试管中的实验现象是否发生，或者发生的程度。所以，对照组的作用在于让我们排除无关变量的干扰，使实验结果更加真实可信。

如果不设立对照组，那么实验得出的结果可能和真相差十万八千里。例如，20 世纪 20 年代到 20 世纪 30 年代，治疗结核病的金制剂疗法非常流行，印度医生还根据金制剂疗法发表了数百篇论文来论证金制剂疗法的有效性，甚至还写进了医学教材。到 20 世纪 50 年代，科学家设立了对照组，进行了大量的实验，否定了金制剂疗法治疗结核病的有效性，才更正了人们的错误认知，之后链霉素的发明才使得结核病不再是不可战胜的疾病。

再举一个例子，在 20 世纪 20 年代初还有一个很引人注目的实验，科研人员使一代代的大鼠经过训练后变得趋光，然后测定大鼠的趋光速度。研究者发现，趋光速度会随着世代递进而加快，于是认为趋光与获得性遗传有关系。但是，这个实验没有设置对照组，研究者并没有研究不预先训练的大鼠的后代是否也有趋光性增加的现象。趋光与获得性遗传是否有关这个问题很重要，因此，时隔 10 年，另外一批科学家重复了这个实验。他们改变了前人的做法，在进行大鼠趋光训练的同时，增设了不经过趋光训练的对照组，以惊人的耐心，进行了近 20 年的实验，最后证实了两组大鼠趋光性都表现为随世代增加的现象，因此否定了趋光性增加与获得性遗传有关的结论。可见，对照组的设立对于得出正确的结果和结论而言至关重要，任何没有设立对照组的实验，实验结果都是不可靠的；对照组设置不当的实验，实验结果也是不可靠的。只有通过实验组与对照组的比较，才能确定实验组添加的处理的真正效果，达到去伪存真的目的。

在实验研究中，选取合适的实验材料也是非常有趣的一个话题。大家都知道"小白鼠"是实验品的代名词，可是，在真正的实验中，我们不仅会用到小白鼠，还会用到非常丰富的其他实验材料。比如研究呕吐现象时，一般用猫作为实验对象，因为猫对于呕吐最敏感；比如药品上市前，会选择人作为实验对象，经过一期、二期、三期临床试验，在志愿者身上完成药品的安全性、有效性等测验，测验结果合格，药品才能被批准上市。

不过，由于伦理等问题，很多实验是不能直接在人身上进行的，这时就要用到模式生物了。由于实验动物在生命活动中的生理和病理过程，与人类或异种动物都有很多相似之处，并可互为参照，所以可供实验研究之用。这些实验动物具有繁殖周期短、子代多、遗传背景清楚、容易进行实验操作等特点，所以被称为模式生物。常见的模式生物中，植物有拟南芥、水稻等，动物有果蝇、线虫、斑马鱼、非洲爪蟾、小鼠、大鼠等，微生物有大肠杆菌、酵母菌等。

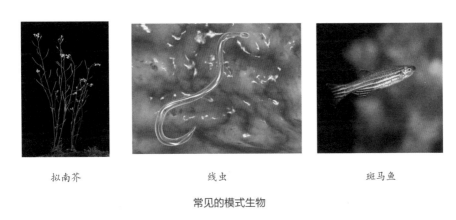

拟南芥　　　　　　　　线虫　　　　　　　　斑马鱼

常见的模式生物

实验结果是实验得出的第一手资料，对实验结果的描述必须真实、客观、具体、准确，数据要准确无误，要如实记录原始数据，即使有明显的错误也要记录下来，在后面进行数据分析的时候再处理。对不符合实验设计的数据和结果要进行客观的分析和报道。实验结果通常可以采用表格、图形和文字 3 种形式呈现。实验讨论和结论部分是对实验与观察结果进行分析和综合，对所进行的研究、实验和观察进行归纳、概括和探讨，进行理论分析，形成新认知。在实验讨论部分，可以用已有的国内外的新学说、新观点对自己的研究结果进行分析，可以与其他人的研究结果进行比较、分析异同，也可以指出结果的理论意义，以及对社会实践的指导作用和应用价值，如社会效益、经济效益等。

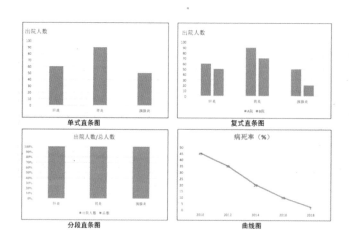

表格

图形

实验结果的呈现

小贴士 _____

1. 科普资源推荐

比较偏大众的科普类杂志和新媒体包括《环球科学》《科学美国人》《科学世界》和科普中国。要了解比较偏科研的资源，最好去《自然》《科学》的官网找，上面的文章经过同行评议，文章质量高，而且代表了科学前沿方向，但阅读这些文章需要较高的英文水平和科学素养。

2. 如何查找资料

每次给学生布置作业让学生查资料，我发现学生使用得最多的是百度，其次是知乎和 B 站。这些都不是查找资料的正确方式。正确的做法应该是去学术网站进行搜索，中文的网站有中国知网、万方数据库等。同时，我也推荐大家去国外的学术网站进行搜索，例如在美国国家生物技术信息中心（National Center for Biotechnology Information，NCBI）网站上，不仅能查阅某个领域全部的科学前沿文献，同时还能找到这个领域的文献综述，让你快速了解一个领域。

3. 如何正确地写好参考文献

写好参考文献非常重要，参考文献不仅反映了论文的学术严谨性和作者的科学态度和品质，也反映了论文本身的内涵和价值。同时，参考文献还可以指导读者进一步研究，避免重复工作，具有重要的信息价值和学术价值。不过，很多学生其实不太会写参考文献，甚至连参考文献格式都写不对，这会大大降低论文的信服力和专业性。中文参考文献的具体格式参见国家标准《信息与文献　参考文献著录规则（GB/T 7714—2015）》。不同英文期刊要求的参考文献格式不同，推荐使用 Endnote 软件来进行参考文献的加工和编辑，这会让我们在不同期刊文献格式的不同要求之间游刃有余地切换。

第四篇　生物学的未来：21 世纪是生命科学的世纪

第 7 章

生物学的专业发展和
就业前景

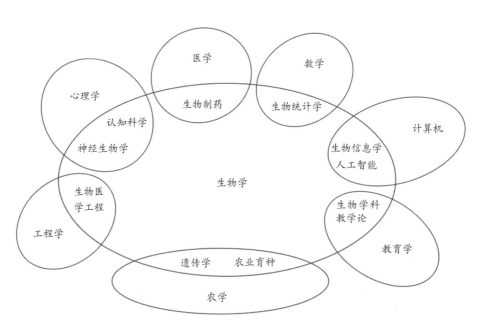

与生物学相关的交叉学科和领域

经常有人说"21 世纪是生命科学的世纪"。确实，我们在新闻媒体上常会看到大量与生命科学、生物医学相关的前沿进展、事件等。可是，很多学生物的人说因为毕业后找不到工作，所以生物学专业是"天坑专业"。美好的前景和残酷的现实之间的巨大反差，是很多人在选择这个专业时存在的困惑。所以，在本书的最后，我想聊一聊这个大家感兴趣的话题。

生物学和哪些学科相关——专业方向

根据教育部最新发布的《普通高等学校本科专业目录》，生物科学类专业包括生物科学、生物技术、生物信息学、生态学、整合科学、神经科学 6 个专业方向，这些专业方向主要培养学生学习生物科学技术方面的基本理论、基本知识，学生将受到应用基础研究和技术开发方面的科学思维和科学实验训练，进而具备较好的科学素养及初步的教学、研究、开发与管理的能力。生物科学类专业的核心课程主要包括：动物生物学、植物生物学、微生物学、生物化学、遗传学、细胞生物学、分子生物学、发育生物学、生态学、动物生理学、植物生理学、人体组织解剖学、无机及分析化学、有机化学、高等数学、免疫学、生物统计学、生物物理学、生物技术概论等。

看完这段描述，我相信大多数人会惊讶：生物学专业要学习这么多门课程吗？是的，无论是在国内还是国外，大学阶段生物专业培养基本都是这样安排课程的。这样的安排有其必然性，生物学是一门包罗万象、需要处理大量复杂现象的学科，而且从历史沿革上来看，生物学是从博物学发展来的，从达尔文时代开始就包含了研究生物的各个学科。

但是，这样的安排像是一个大杂烩拼盘，还停留在大量由零碎孤立的知识点构成的类似博物学一样的学科状态，一门课程和另外一门课程之间大多是没有关系的，没有一个学科的主线和底层逻辑体系的串联。比如，我们一会儿要学习"植物叶原基是如何进行发育生长的"，一会儿又要背会"细胞内有氧呼吸中三羧酸循环的整个流程"。而且，每一门课程其实都代表着一个非常有深度的研究方向，比如细胞生物学和植物生理学就是两个完全不同的研究方向，两个研究方向的教授在一起讨论可能互相不懂对方在说什么。这是特别常见的事情，用"隔行如隔山"来形容一点都不为过。就像我作为一个生物学博士，博士期间攻读的是"结构生物学"方向，主要研究大分子蛋白质的结构与功能的机制，但是每次和朋友出去玩，都会被问到路边的野花叫什么名字，每次回答不出都只好尴尬地笑一笑，说自己是个假博士。这种情况其实就可以从侧面反映生物学科领域中的学科间跨度大、隔阂深的情况。

到底要不要学生物

为什么生物学专业要学这么多课程呢？这么多课程能学会吗？非生物学专业是不是就不用学这些课程了？**我认为，生物学知识还是要学习一些的，它对于了解自我、了解世界、了解未来有非常大的帮助，但不一定要通过选生物学专业来学习。**先说为什么建议大家要学点生物知识，我有3点理由，这些理由不是烦人的说教，希望大家耐心看完。

第1点理由：储备常识，在纷繁的信息中让自己具有独立的判断。

"注意：吃了这些保健品能长寿！""震惊！干了这件事会得病！"这些文章标题大家是不是经常在网络上看到？网络信息鱼龙混杂，如果不了解生物学知识，很难判断哪些信息是可信的、哪些信息是以讹传讹。吃了猪蹄真的可以补充胶原蛋白？鸡蛋吃多了真的会增加人体的胆固醇含量吗？面对这些与我们生活、健康、安全息息相关的问题，如果我们能凭借自己的知识储备建立起理性判断，学会去分析、分辨信息的真伪，将有效帮助我们免受误导，更好地生活。对我们来说是非常重要的。

第 2 点理由：建立生物学思维，让自己多一个看问题的角度。

学习任何一门学科，其最终目的就是让我们从这个学科出发，建立一套本学科的世界观和方法论，建立强大的逻辑思维能力，小到日常事务的处理方式，大到与这个世界相处的心智模式，学科背景其实给我们每个人打了一层底色。查理·芒格一直提倡"多元思维模型"，因为世界是复杂的，若要理解这样复杂的系统，从单一的角度去看问题是不够的，需要不断学习不同学科的知识来形成一个思维模型的复式框架。而生物学作为自然科学的一个基本分支，其理解世界的角度与物理学、化学、数学、经济学等学科是不同的。所以，为了让我们此生的体验更丰富，理解问题更加多元，学点生物学大有裨益。

第 3 点理由：理解未来，让自己与这个世界建立更有深度的链接。

生命科学是一门前沿且重要的学科，将在未来从科学到技术层面对世界产生深刻影响。在科学上，生命科学现在还处于非常稚嫩的阶段，很多问题尚未解决，人类希望用自己的智慧理解生命，可以说，世界在等待生命科学带来一场全新的范式革命。在技术上，未来可能会有一些我们现在想象不到的技术深刻改变我们的世界，比如基因编辑、基因治疗、意识上传、脑机接口，这些都是有可能实现的，这些技术可能会改变我们的价值观、生活方式等。

高中阶段：选不选生物学科？报不报生物竞赛

初中、高中阶段要不要学生物呢？初中阶段肯定要学生物，这是通识教育的重要一环。那高中是否要选生物呢？我先给大家普及一下新高考的政策。

新高考取消文理分科，是基于 2014 年 9 月发布的《国务院关于深化考试招生制度改革的实施意见》实施的。新高考改革采取的"3+3"选科模式，第 1 个"3"指的是语、数、外，第 2 个"3"指的是在 6 科（物理、化学、生物、历史、政治、地理）中选择 3 科（浙江为 7 选 3，多出了一门技术课），共有 20 种组合。第一批"3+3"选科模式在浙江、上海两地试点（2014 年），第 2 批"3+3"选科模式在北京、山东、天津、海南 4 地试点（2017 年）。之后，陆续在各个省市开始试点，选科模式稍微有所变化，为"3+1+2"模式，第 1 个"3"还是语、数、外，第 2 个"1"是指必须在物理和历史中选一科，第 3 个"2"是指在政治、生物、地理和化学里面选择两科，共有 12 种组合。不同高校的专业对于具体的选科科目是有一定要求的，一般来说，理工科院校都要求物理成绩，所以"物理＋化学＋生物"或者"物理＋地理＋生物"组合的专业覆盖率大概能达到 99.9%，而"历史＋地理＋政治"的组合只有 59% 左右的专业可选。

　　那么到底要不要选生物呢？这要根据学生自己的各科成绩、是否擅长、是否喜欢等来决定。很多人对于生物考试的理解还停留在记忆背背就能考高分的层面上，但现在的考试完全不是这样，更侧重考学生的生物学思维。比如，很多考题都是从《自然》《科学》等期刊的原文中找出来的原始实验，以此考查学生的实验设计能力；或者考题来源于现实生活，要求学生用学过的知识解决生活中的实际问题；或者应用相关知识提出治疗某种相关疾病的治疗方案等。所以，生物学再也不是靠单纯的记忆就能拿高分的学科了，而是要求学生具备举一反三、迁移应用的能力，不再是"理科中的文科"。

　　另外，选科时除了考虑是否喜欢和是否擅长，还要考虑与其他科目的关联性、此科目选考人数的多少、未来对于就业的期待等。如果选了物理，那么另外两科的选择一般偏理科（学科之间的关联性），生物就是其中一个考虑方向。选科更看重的是学生在这一学科中的相对优势，如果你的生物较弱，但是其他选生物的同学更弱，那么你在人群中就具有相对优势，就能有较高的赋分（通常，如果想考上清华大学、北京大学，选科的赋分需要至少达到97 分）。所以，在选科的时候，在喜欢和擅长差不多的情况下，尽量避开激烈的竞争。比如，物化生的这一选择，学习难度大、选科人数多且优生多，竞争就非常激烈。而且，选科与高考后报考的专业也有一定的关联度，一些医学类专业要求必须选考生物，所以，如果想要报考医学院，那么生物大概率是必须选的科目。

　　所以，是否选择生物这个学科是一个受多因素影响、比较复杂的问题，需要综合考量各种因素，需要学生和家长在充分了解各类信息的基础上加以决策。另外一个大家较关注的问题是："听说到了高中，大家都在打竞赛，我们要不要参加？是不是参加生物竞赛比别的竞赛容易点呢？"

坦白地说，在五大（数学、物理、化学、生物和信息学）竞赛中，它们的难度排序是：数学≈物理>化学、信息学、生物，其中，生物竞赛的难度相对较小。数学竞赛的本质是抽象思维，物理竞赛的本质是数学建模，生物竞赛的本质是海量的阅读与记忆，化学竞赛介于物理竞赛和生物竞赛之间，信息学竞赛与数学竞赛和物理竞赛更接近。所以，生物学竞赛主要靠的是大量的知识储备，学过就可能会，没学过就是不会。搞生物竞赛的很多同学都是把大学生物系本科一、二年级的内容学一遍，至少要在竞赛前学完11本书的内容（包括植物学、动物学、生物学、生物化学、分子生物学等）并且刷过真题。

所以，比起数学、物理等烧脑的学科，一些家长和学生更愿意在生物竞赛的赛道上冲一把。但要知道，生物竞赛也没有那么容易。它要求学生要有大量的时间投入，并且在较早的时候就选定了方向（最好是高一，越早启蒙越好），有较强的记忆能力，能兼顾其他学科的成绩，有不怕吃苦的精神和强悍的毅力，还要有较强的动手操作能力。而且生物竞赛也有一些劣势，它在未来可报考的大学专业上比较受限，而且有些学校的强基计划破格录取中对于生物竞赛是不认可的，比如复旦大学、吉林大学、西北工业大学就不接收生物竞赛获奖的破格生。

如果确定了要打生物竞赛，下面就简单介绍一下参赛的大概流程。以2023年的生物竞赛为例，进入省队的人数是14+X［X为该省上一年国赛金牌（一等奖）数量］，这些人具备参加全国决赛的资格。全国大概有550人。其中，前50名为国家集训队成员，可以直接保送清华大学、北京大学。第51到第150名为没有保送资格的金牌获得者，第151到第410名为银牌获得者，这些学生可以参加大学的特殊面试，面试通过者可以破格参加强基计划，即高考分数达到一本线即可进入强基计划选拔。

可见，要想通过竞赛这条路获取保送或者降分等资格，也是一条很小众的路，要么，全力以赴、孤注一掷，取得保送资格（很多学生其实是在停课搞竞赛的）；要么，在搞竞赛时平衡好其他学科，其实也很不容易。

大学阶段：学生物学≠选择生物学专业

虽然我鼓励大家学生物学，但是，"学生物学"不等于"选择生物学专业"。就如上文提到的，无论是国内还是国外的生物学专业，在课程设置上其实还是不够完善，在学习过程中不仅没有让学生得到相关的生物学思维训练，还会陷入一堆细节中难以自拔。而且，并不一定非要读生物学专业才能学生物学。那大家肯定会问了，那不选生物学专业怎么学？不选生物学专业的话，选什么专业呢？下面我就回答一下大家的这两个问题。

1. **本科阶段选什么专业更适合？**

本科阶段我建议选择一些更基础的学科专业，例如数学、物理学等。第一，它们是基础学科，意味着读到硕士、博士阶段或者在工作后，所学的知识和技能都能用到。第二，我们在比较小的年纪，其实不一定清楚自己喜欢什么、适合什么，选择基础学科未来可以有比较广阔的专业选择空间，转行成本也没那么高。第三，如果真的喜欢生物学，学好基础学科会为生物学的学习奠定非常坚实的基础，因为很多生物学的重大突破都是需要跨学科知识和技能的，比如2017年得了诺贝尔化学奖的冷冻电镜技术，是一项经典的"利用物理学技术解决生物学问题的化学奖"。所以，生物学是一个很有前景的"关键节点专业"（与其他专业有很多交集），但是我们可以选择不直接去学"节点专业"，因为本科阶段我们的知识和技能的储备还不够，"带着基础技能走向关键节点"也许会是更好的选择。

2. 不选生物学专业，怎么学生物学？

不选生物学专业，就不能学生物学了吗？当然不是。生物学本科专业的一些基础课程其实学习起来难度并不大，更多的是一种知识的累积，而不涉及太多科学研究的实质（这也是生物学本科和生物学硕士、博士培养比较割裂的地方）。我在硕博阶段刚进实验室时，我的导师一开始就告诉我们，做科研是在创造知识，本科阶段更多的是学习知识，这两者对能力的要求并不相同。创造知识更看重我们的逻辑思维和批判思维能力。生物学中的一些简单的、知识性的内容完全可以靠自学。如果你真的对生物学感兴趣，不怕没有资源，不怕没有时间。网上有比较系的课程可以学习，比如可汗学院在线课程、网易公开课、Coursera 课程等；还可以通过一些生物类的科普书入手，逐渐由浅入深；也可以选择生物学为第二专业，或者去大学旁听生物学专业的一些课程，这些都是我们学习生物学的途径。如果你想考研，我觉得你可以找准一个方向，比如生物化学、生物信息学等，了解清楚这些二级学科的专业要求，然后凭借在大学中积累的自学能力，给自己一年的时间学这些专业课，其实是足够的。

当然，如果你极其热爱生物学，却因为它的就业前景不好而不选择这个专业，我觉得也大可不必。**遵从内心的声音是非常重要的，什么都比不上自己发自内心真正的热爱**。其实每个专业都很好，选择专业的关键在于内心的热爱。三十年河东，三十年河西，行业随周期轮动，专业有冷有热，千万不要只将就业前景作为选择一个专业的依据。坚守本心，不忘初衷，才是最可贵的。

我自己在读了很多书、经历了很多事之后，有一个小小的感悟，也想分享给大家：**当我们读书不是为了找一份好工作，当我们上学不是为了想着如何就业，而是以更宏大的格局，想着现在的努力是为了未来能够成就一番事业，将我们个人的专业和就业规划与国家、民族的未来联系在一起，我们想要超越现有的束缚、为全人类的福祉做点什么的时候，好的工作自然而然就来到了身边。**"好的工作"只是我们在追逐理想的过程中产生的一个副产品，只要我们目标高远、心怀远大、坚持笃定，做一些超越自我的事情，就能完成从"成就小我"到"实现大我"的转变，无论学习什么专业，未来前景一定会非常光明。

马克思在《青年在选择职业时的考虑》一文中写道：

如果一个人只为自己劳动，他也许能够成为著名的学者、大哲人、卓越诗人，然而他永远不能成为完美无疵的伟大人物。历史承认那些为共同目标劳动因而自己变得高尚的人是伟大人物；经验赞美那些为大多数人带来幸福的人是最幸福的人……如果我们选择了最能为人类福利而劳动的职业，那么，重担就不能把我们压倒，因为这是为大家而献身。那时，我们所感到的就不是可怜的、有限的、自私的乐趣，我们的幸福将属于千百万人，我们的事业将默默地、但是永恒发挥作用地存在下去。面对我们的骨灰，高尚的人们将洒下热泪。

我觉得这段话说得特别好，在我们困惑的时候，在理想与现实产生冲突的时候，看一下上面这段话，可能会有不一样的体悟。

生命科学可能是 21 世纪最让人期待的一个领域。生命科学是一个交叉性很强的学科，随着科技飞速发展，学科划分越来越细，学科交叉性越来越强，许多与生物学相关的新兴学科方兴未艾。在二三十年后，生命科学有可能成为像现在互联网一样的社会基础设施，整个世界也许会完成从 IT（Information Technology）到 BT（Biotechnology）的转换。让我们一起期待生命科学带来的整个科学界的范式革命，期待生物学技术为我们在解决资源、环境、健康等方面的问题上带来的革命性进展！

练习题

一、在每题列出的四个选项中，选出最符合题目要求的一项。

1. 下列哪本不是达尔文提出《物种起源》时受到启发的书？（　　）

   A．《地质学原理》   B．《论人类不平等的起源和基础》

   C．《国富论》   D．《人口学论》

2. 下列哪项没有说明疾病是进化与现代生活冲突的产物？（　　）

   A．糖能给人类提供能量，导致人们摄入过高的糖分、无法代谢而患糖尿病

   B．远古时代人类经常饥一顿饱一顿，因此多余的能量会被储存起来而导致肥胖

   C．由于人类寿命的延长，体内"叛变"的正常细胞增多，导致了癌症的发生

   D．镰刀型细胞贫血病导致红细胞携氧能力变差，但是，能帮助某些非洲人抵抗疟疾

3. 下列哪项不属于适应环境？（　　）

   A．草原犬鼠具有优良的视力和敏锐的听觉，这可以帮助它躲避环境中的危险

   B．榕树的气生根是为了在热带雨林中辅助榕树呼吸，使榕树能够获得足够氧气

   C．细菌耐药性的产生是由于环境导致细菌体内相关的基因发生突变

D．仙人掌的茎肥厚而多浆，具有发达的贮水组织，叶呈针状，适

应沙漠干旱

4．我国的酿酒技术历史悠久，古人在实际生产中积累了很多经验。《齐

民要术》记载：将蒸熟的米和酒曲混合前需"浸曲发，如鱼眼汤，净淘米八斗，

炊作饭，舒令极冷"。这句话意思是将酒曲浸到活化，冒出鱼眼大小的气泡，

把八斗米淘净，蒸熟，摊开冷透。下列说法错误的是（　　　）。

A．"浸曲发"过程中酒曲中的微生物代谢加快

B．"鱼眼汤"现象是微生物呼吸作用产生的 CO_2 释放形成的

C．"净淘米"是为消除杂菌对酿酒过程的影响而采取的主要措施

D．"舒令极冷"的目的是防止蒸熟的米温度过高导致酒曲中的微

生物死亡

5．关于生物体内能量代谢的叙述，正确的是（　　　）。

A．淀粉水解成葡萄糖时伴随有 ATP 的生成

B．人体大脑活动的能量主要来自蛋白质的氧化分解

C．叶肉细胞中合成葡萄糖的过程是一个需要能量的过程

D．光合作用是释放储存在有机物中化学能的过程

6．假设某一天，你像鲁滨逊一样，不小心一个人漂流到了一个岛上，你

身边仅仅带着15kg玉米和一只2kg的母鸡，你用（　　　）策略能生活更长时

间以获得救援。

A．先吃鸡，再吃玉米

B．先吃玉米，再吃鸡

C．吃一半玉米，剩下一半喂鸡

D．用玉米喂鸡，吃鸡和鸡蛋

7. 下列哪一项体现了结构功能观? （　　）

　　A. 根据内共生学说，真核细胞的线粒体可能来源于被细胞吞入的某种需氧原核生物

　　B. 叶绿体有向内褶皱的内膜，增大了光合片层，有利于光合作用

　　C. 人体未分化的细胞中内质网非常发达，而胰腺外分泌细胞中则较少

　　D. 高尔基体与分泌蛋白的合成、加工、包装和膜泡运输紧密相关

8. 下列哪个不是利用结构功能观来解决实际生活中的例子? （　　）

　　A. 脚蹼和蛙蹼　　　B. 螺旋桨和枫树种子

　　C. 苍耳和魔术贴　　D. 飞机和气球

9. 足球赛场上，球员奔跑、抢断、相互配合，完成射门。以下对比赛中球员机体生理功能的表述中，不正确的是（　　）。

　　A. 长时间奔跑需要消耗大量糖原用于供能

　　B. 大量出汗导致失水过多，抑制抗利尿激素分泌

　　C. 在神经与肌肉的协调下起脚射门

　　D. 在大脑皮层调控下球员相互配合

10. 某人进入高原缺氧地区后呼吸困难、发热、排尿量减少，检查发现其肺部出现感染，肺组织间隙和肺泡渗出液中有蛋白质、红细胞等成分，被确诊为高原性肺水肿。下列说法不正确的是（　　）。

　　A. 该患者呼吸困难导致其体内 CO_2 含量偏高

　　B. 体温维持在38℃时，该患者的产热量大于散热量

　　C. 患者肺部组织液的渗透压升高，肺部组织液增加

    D. 若使用药物抑制肾小管和集合管对水的重吸收，可使患者尿量
增加

11. 对人群免疫接种是预防传染性疾病的重要措施。下列叙述错误
的是（　　　）。

    A. 注射某种流感疫苗后不会感染各种流感病毒

    B. 接种脊髓灰质炎疫苗可产生针对脊髓灰质炎病毒的抗体

    C. 接种破伤风疫苗可获得比注射抗破伤风血清更长时间的免疫力

    D. 感染过腺病毒引起肺炎且已完全恢复者的血清可用于治疗同样
因肺病毒引起的肺炎患者

12. 胰岛素依赖型糖尿病是一种自身免疫病，主要特点是：胰岛 β 细胞
数量减少，血液中胰岛素低、血糖高等。下列相关叙述正确的是（　　　）。

    A. 胰岛素和胰高血糖素通过协同作用调节血糖平衡

    B. 胰腺导管堵塞会导致胰岛素无法排出，血糖升高

    C. 血糖水平是调节胰岛素和胰高血糖素分泌的最重要因素

    D. 胰岛素受体是胰岛素依赖型糖尿病患者的自身抗原

二、请运用科学思维和科学探究思考方法，解决下面的问题。

1. 生活在干旱地区的一些植物（如植物甲）具有特殊的 CO_2 固定方式。
这类植物晚上气孔打开吸收 CO_2，吸收的 CO_2 通过生成苹果酸储存在液泡中；
白天气孔关闭，液泡中储存的苹果酸脱羧释放的 CO_2 可用于光合作用。回答
下列问题：

（1）光合作用所需的 CO_2 来源于苹果酸脱羧和＿＿＿＿＿＿＿释放的
CO_2。

（2）气孔白天关闭、晚上打开是这类植物适应干旱环境的一种方式，这种方式既能防止_____，又能保证_____正常进行。

（3）若以 pH 作为检测指标，请设计实验来验证植物甲在干旱环境中存在这种特殊的 CO_2 固定方式。_____（简要写出实验思路和预期结果）

2. 某研究人员用药物 W 进行了如下实验：给甲组大鼠注射药物 W，乙组大鼠注射等量生理盐水，饲养一段时间后，测定两组大鼠的相关生理指标。实验结果表明：乙组大鼠无显著变化；与乙组大鼠相比，甲组大鼠的血糖浓度升高，尿中葡萄糖含量增加，进食量增加，体重下降。回答下列问题：

（1）由上述实验结果可推测，药物 W 破坏了胰腺中的_____细胞，使细胞失去功能，从而导致血糖浓度升高。

（2）由上述实验结果还可推测，甲组大鼠肾小管液中的葡萄糖含量增加，导致肾小管液的渗透压比正常时的_____，从而使该组大鼠的排尿量_____。

（3）实验中测量到甲组大鼠体重下降，推测体重下降的原因是_____。

（4）若上述推测都成立，那么该实验的研究意义是_____（答出1点即可）。

选择题答案：

1 ~ 5：BDCCC

6 ~ 10：ABDBB

11 ~ 12：AC

填空题答案：

第 1 题【答案】（1）细胞呼吸（或呼吸作用）。

（2）蒸腾作用过强导致水分散失过多；光合作用。

（3）实验思路：取生长状态相同植物甲若干株，随机均分为 A、B 两组；A 组在（湿度适宜的）正常环境中培养，B 组在干旱环境中培养，其他条件相同且适宜，一段时间后，分别检测两组植株夜晚同一时间液泡中的 pH，并求平均值。

预期结果：A 组 pH 平均值高于 B 组。

第 2 题【答案】（1）胰岛 β 。（2）高；增加。（3）甲组大鼠胰岛素缺乏，使机体不能充分利用葡萄糖来获得能量，导致机体脂肪和蛋白质的分解增加。（4）获得了因胰岛素缺乏而患糖尿病的动物，这种动物可以作为实验材料用于研发治疗这类糖尿病的药物。